單兵作戰技能手冊

鄧敏——編著

COMBAT SKILL MANUAL OF THE SOLDIER

楓樹林

單兵作戰技能手冊

出　　版／楓樹林出版事業有限公司
地　　址／新北市板橋區信義路163巷3號10樓
郵政劃撥／19907596 楓書坊文化出版社
網　　址／www.maplebook.com.tw
電　　話／02-2957-6096
傳　　真／02-2957-6435
編　　著／鄧敏
港澳經銷／泛華發行代理有限公司
定　　價／450元
初版日期／2021年5月

國家圖書館出版品預行編目資料

單兵作戰技能手冊 / 鄧敏編著. -- 初版.
-- 新北市 : 楓樹林出版事業有限公司,
2021.05 面; 公分

ISBN 978-986-5572-33-4 (平裝)

1. 軍事教育 2. 軍事訓練

596.7 110005625

前言

本書內容源於美國陸軍部陸軍司令部（HEADQUARTERS DEPARTMENT OF THE ARMY）頒布的作戰訓練條例和美國陸軍步兵學校（US Army Infantry School，亦稱本寧堡步兵學校）的訓練指南。

在戰場上，指揮者必須成功地鼓舞和激發士兵的鬥志，同時士兵們也必須掌握作戰技能和戰場生存技能。因為任何一場戰爭的勝利並不僅僅是依賴先進的武器和機械，更取決於使用這些設備的士兵。如果一支軍隊沒有士氣勃發、訓練有素的士兵，即使它的武器再精良也無法獲勝。這本作戰手冊講述了士兵應該具有的作戰技能，這些技能將保證他們在戰場上生存下來。任何軍種的每一位士兵必須掌握手冊中描述的這些基本技能。

目錄

第 1 章
掩體、隱蔽及偽裝

戰場環境下，暴露自身位置是極為危險的，特別是暴露在敵方目視範圍之內，這將直接招致敵方的攻擊。因此，一名合格的士兵必須懂得基本的隱蔽、偽裝原則和實施方式，減少被敵軍發現的概率；以及被發現後，降低敵軍火力對你造成傷害的程度。本章將就如何準備掩體和實施隱蔽、偽裝提供原則指導。

關鍵詞：掩體、隱蔽、偽裝

掩體

在戰場環境下，士兵應盡可能地在有掩體物的情況下運動，充分利用一切有助於隱蔽和抵禦敵方火力的自然環境和障礙物，任何直接暴露在敵方火力下的舉動都是極其危險的。

▲戰鬥中對步兵最直接的威脅是直瞄火力，因此，在戰場上的運動應盡量依託掩體物進行。若遭遇12.7毫米口徑以上的大口徑速射武器的攻擊，應充分考慮掩體物的強度。通常情況下，普通掩體物無法抵禦大口徑速射武器的攻擊。此外，炮擊等間接火力對步兵也極具威脅，特別是執行步兵支援任務的迫擊炮。

▲只要條件允許，就應該對天然掩體進行加固、修整，甚至將其構築成防禦陣地。陣地的構築參見後文。

應該盡量選擇堅固有效的戰場掩體物，它們可讓士兵免受子彈、彈片、火焰、核武器以及生物化學武器的傷害。雖然在實際情況中，完美的掩體物是很少見的，但至少要能對普通槍彈具有一定的防禦作用。

要充分利用戰場環境中的掩體物（如樹木、木樁、洞穴、石頭、彈坑、牆體、溝壑和戰壕等），即便是一個小坑或土地隆起，都能為士兵提供一定的防護。但要注意，士兵應對掩體物強度有一定的認識，有些物體只能隱藏你的身體輪廓，無法提供抵禦槍彈的能力。比如步槍彈頭能輕易貫穿普通轎車車身（只能以發動機所在的位置為掩體物），普通空心磚的牆體無法提供有效的防禦，門窗桌椅等家具同樣不具備防禦能力，灌木叢只能隱藏你的輪廓……對掩體物的判斷和選定要果斷、迅速。特別是在面對火力壓力的情況下，慌不擇路，錯誤選擇行進路線和掩體物都會讓你成為被獵殺的對象。

在進攻或移動時，士兵要知道敵人在哪裡或可能在哪裡，然後選擇自己和敵軍之間有掩體物的路線，如溝壑、林地、牆體和斜坡等敵軍不易發現或攻擊的地點，並且行進間要隨時做好抵抗猛烈射擊的準備，因為敵人看不到你，就意味著你對敵人的動向也不完全瞭解，有可能會遺漏近在咫尺的敵人。

士兵要盡量避免出現在空曠地帶、山頂和山脊上。若在被迫通過開闊地域時，遭到猛烈火力攻擊且無法繼續推進，士兵應立刻實施近迫作業（即逼近敵人時在敵火力下構築掩體的行動，通常在人員接敵運動中通過開闊地、受敵火威脅，需要做短暫停留時實施）。此時的作業姿勢要低、動作要快，通常應採用低姿匍匐姿態，使用工兵鏟並配合手腳（手推腳蹬）在鬆軟地面進行掩體挖掘。與此同時，士兵還要不斷觀察，隨時準備戰鬥與前進。近迫作業必須在短時間內完成，一般訓練有素的士兵能在五分鐘內構築一個單人掩體，八分鐘內構築一個機槍或火箭筒雙人掩體。近迫作業一般採取人工作業，對於硬化土層，可使用專用掩體爆破器材。通常，士兵應先構築臥射掩體，需要時再加深為跪射或立射掩體。情況需要時，可用塹壕、交通壕將掩體連接。分隊近迫作業時，需指派值班火力掩護。

▲戰場環境下，行軍應該依託山溝、窪地等掩蔽環境行進，要做好戰鬥準備，以應對突發情況。

隱蔽

隱蔽是指士兵通過一些方式和手段，在一定時間內不被敵軍察覺，為隨後展開的行動提供必要的準備。隱蔽場所並不能為士兵提供有效的防禦，不要誤認為有了隱蔽處就可以躲過敵軍的射擊，在戰場的壓力環境下，缺乏經驗的士兵有時會忽視隱蔽物和掩體物的區別。

天然的隱蔽物包括灌木叢、草叢、樹林和樹蔭等，盡量不要破壞自然的隱蔽物，在隱蔽的同時保持它本身的自然形態。人造隱蔽物包括迷彩服、偽裝網、面部油彩以及一些經過人工修整加工的天然材料。人造隱蔽物必須要與當地地形融為一體。為了實現隱蔽，必須對燈火、聲音和行動等實施管制，並使用偽裝手段。燈火管制是指夜晚時對發光物使用的控制，例如不能在空曠地帶吸煙，禁止走動時打開手電筒，不能隨意打開車燈等等。聲音管制要求士兵所發出的聲響不能被敵軍察覺，在交流時盡可能使用無聲方式（如手語）。行動管制是指除非必須，盡可能不要在陣地上四處走動，盡量不要選擇沒有掩體和隱蔽的路線。

▲不管是對單兵，還是對一支隊伍而言，樹林都是不錯的隱蔽環境。隱蔽陣地的運用有助於士兵躲開敵軍的搜索和警戒，達成攻擊發起時的突然性。但要注意隱蔽物、隱蔽陣地與掩體物、防禦陣地的不同，缺乏訓練，而過於慌亂的士兵時常會出現依託隱蔽物進行持續射擊的情況，這將帶來致命的後果。

在防禦時，盡量給陣地做好偽裝，禁止四處走動；進攻時，士兵需要利用偽裝隱藏自己和隨身裝備，同時選擇在樹林或有利於隱蔽的地形中行進。記住：黑暗並不能保護你在防禦或進攻時不被敵軍發現，因為敵人可以通過夜視裝置發現你的蹤跡。

偽裝

在戰爭中，偽裝是指用來改變人、器材、陣地外表的一切物品，天然材料和人工材料都能實現偽裝的目的。

戰場環境下士兵需要經常更換或改善你的偽裝，其時間間隔取決於周邊環境的變化、天氣情況和使用的材料。你所使用的偽裝物應該要和周圍環境相協調，在連續長距離奔襲作戰時，容易忽視這個問題；天然植物構成的偽裝受天氣的影響比較大，容易出現枯萎、變色、落葉等情況……當偽裝效果與周邊環境差別過大時，不但起不到偽裝作用甚至還會帶來負面效果。

偽裝注意事項

●肢體動作容易導致暴露，做手勢或走動能夠被遠處的敵軍輕易發現。因此，在防禦時，要盡可能壓低身體，避免不必要的動作，必須移動時，要盡量採用匍匐或低姿移動；進攻時，要選擇有掩體物或隱蔽物的路線，盡量放低身體行進。

●陣地的構建要巧妙，盡量選擇有掩體物和隱蔽物的區域，並建在山的一側，遠離道路的交匯處和獨棟建築物，避免建在空曠地帶。

●無論從地面還是空中觀察，輪廓和影子都能洩露陣地和裝備的位置。利用偽裝可以改善這個問題，偽裝的最重要原則便是模糊輪廓和外部特徵。因此，盡可能在陰影中進行作業或運動。

●發光也能吸引敵人的注意力。在夜晚，暴露你的位置的光源可能來自燃燒的香煙和手電筒；在白天，暴露你的位置的光源也許來自一些發光表面的反射，例如：油膩的齒輪零件、磨得光亮的舊頭盔、不適宜的防風鏡、手錶表面、錶帶以及滿是汗水的裸露皮膚。因此，除了嚴格執行夜間燈火管制外，士兵還必須身著迷彩服，並且

▲建於坡地上帶有掩體和隱蔽物的陣地。

▲樹蔭是常見的隱蔽處。陽光和樹蔭帶來的高反差，可以帶來不錯的隱蔽效果。

▲在塗抹面部迷彩油時，應該相互檢查，避免遺漏，比如需要檢查閉眼時的眼皮、耳朵背面、脖子等部位。

在暴露的皮膚上塗迷彩油彩以減弱反光和模糊輪廓。同時也需要在裝備和車輛的表面塗迷彩油漆或者掛上偽裝網，應急情況下可使用泥土等其他代替物。需要注意的是，在核攻擊中，塗抹了油彩的皮膚會比裸露的皮膚吸收更多的有害物質。

●輪廓和形狀是眼睛識別物體的主要信息來源。頭盔和人體的外形是非常容易識別的，因此要使用偽裝來打破事物的固有外形輪廓，使其與周圍環境融為一體，但也不要做得太過頭。

▲對頭盔進行偽裝是基本要求，因為自然環境中很少有類似頭盔這種外觀的自然物。

▲在雪地環境下，必須進行偽裝。在高反差的環境下，會讓任何不協調的顏色、輪廓都變得更加醒目。

▲分散的行進、部署，不但利於偽裝，也利於應付突如其來的攻擊。

●如果你的膚色、軍裝、裝備的顏色與背景色反差明顯，將很容易被敵軍發現。比如在雪地上，綠色的軍裝就容易辨識，因此務必使你自身和隨身的裝備與周圍環境相協調。

●兵力分散是指士兵、車輛和武器設備分散在一廣闊區域。集結在一起的士兵容易被發現，因此要盡量分散開。士兵之間的距離要根據作戰地形、能見度和敵軍的位置而相應調整，通常由指揮官制定要求或遵循部隊標準操作規定。

偽裝實施

在偽裝之前先研究作戰區域的地形和植被，然後選擇最適合的材料。由一個區域行進到另一區域時，根據需要來更換偽裝，使其最大限度與環境相協調。

▲不同的作戰任務對偽裝的要求不同，狙擊等特種作戰任務對偽裝的要求極高，而普通步兵則只需要達到基本的偽裝要求，能夠應付較遠距離的概略觀察即可。

●**陣地偽裝** 在構建好陣地後，必須對陣地本身以及修建時產生的泥土進行處理，在自然條件下，新翻出的泥土極為醒目。在構建之初，應盡量將地表5釐米左右的植被層保留，將挖出的泥土用來完善陣地前沿、側翼、後方，最後將植被層重新覆蓋在泥土上，多餘的泥土應該運送到後方，遠離陣地所在位置。同時，陣地中的洞穴口也必須進行偽裝，否則容易被空中偵察設備發現。

不要過分偽裝。過分的偽裝可能洩露陣地的位置，偽裝材料的取材地點，不要距離陣地太近且過於集中。否則，當某個區域的植被被大量砍伐後，鄰近的陣地也容易被暴露。陣地的偽裝一定要有耐心，任何的疏忽大意都可能導致致命後果。

▲在條件允許的情況下，應該盡量完善陣地的偽裝，並根據情況即時替換不合時宜的偽裝物，並盡量減少人工製品遺留在地面。

不要將發光物和淺色系物體隨地放置，要將油膩的工具箱、鏡子和裝食物的容器、白色的內衣褲和毛巾隱藏好。在空曠地帶，裸露的皮膚非常醒目，所以戰場環境下不得赤身裸體或將袖子挽得過高。野外生火時，火光容易被看到，煙塵也容易被敵軍嗅到，因此必須保持謹慎。在行動後，需要掩蓋蹤跡和任何可能暴露自己的痕跡。

當陣地的偽裝完成後，需要在距離陣地35米的前沿從可能的接敵方向審視該陣地，並且最好定期審視。陣地看起來是否自然、偽裝是否有效，都是審視的重點。

●**頭盔偽裝** 用發放的頭盔迷彩布套偽裝頭盔，也可使用布片對其進行偽裝，務必使偽裝物與戰場環境相協調。另外，還可以將草、樹葉或樹枝用偽裝帶、偽裝繩、麻布條、橡膠帶捆綁在頭盔上，達到偽裝目的。如果無法獲得上述材料，也可用稀泥不規則地塗抹於頭盔上。

●**軍服偽裝** 儘管大部分軍裝已經具有偽裝功能，但是依然可以再添加一些偽裝物使其更好地與環境融為一體，例如可將草、樹葉、小樹枝或者泥土附著在軍裝上，並且盡可能穿舊軍服。過於乾淨整潔

▲應盡可能清除遺留下來的痕跡，使用樹枝來清除地面遺留的足跡是一個不錯的選擇。

▲捆紮有偽裝物的頭盔比普通頭盔具有更好的偽裝效果。

的軍服，不利於偽裝。需要注意的是，過多的偽裝反而會引起注意，因此切忌在身上捆紮過多的偽裝物。在雪地作戰時，穿著白色戰鬥服，如果沒有，可使用白色的布料。

●**皮膚的偽裝** 裸露的皮膚會反射光線並引起敵人的注意。即使是黑色的皮膚，也會因為自然分泌的油脂，造成反光。當士兵對皮膚進行偽裝時，可與戰友互相協助。根據環境情況，選用兩種顏色的油彩不規則地塗抹。有光澤的部位，如前額、顴骨、鼻子、耳朵和下巴，可用深色塗抹；陰影部位，如眼睛四周、鼻子下面和脖子，可用淺色偽裝。與面部的情況相同，頸後裸露的皮膚、胳膊和手部，也要塗抹偽裝油彩。如果需要用手語交流，手掌一般不需進行偽裝。此外，身體上不能佩戴任何能夠引起反光的飾品。

當沒有偽裝油彩時，可使用木炭、植物莖稈漿汁、鍋底灰和泥土等物品來替代。

▲左：沙色、淺土色、淺綠色迷彩油適用於沙漠和乾旱地區。
中：深土色迷彩油適用於雪地。
右：深土色和淺綠色迷彩油適用於植被茂密區域。

	膚色	突出部位	陰影部位
偽裝材質	淺色或黑色	前額、顴骨、鼻子、耳朵和下巴	眼周、鼻下和下巴以下
深土色和淺綠油彩	綠色植被區域作戰的所有士兵	深土色	淺綠
沙色和淺綠油彩	非綠色植被區域作戰的所有士兵	淺綠色	沙色
深土色和白色油彩	雪地作戰的所有士兵	深土色	白色
鍋底灰	沒有偽裝油彩的所有士兵	使用	不使用
淺色泥土	沒有偽裝油彩的所有士兵	不使用	使用

第 2 章

陣地

陣地是軍隊作戰的重要依託。構築陣地的基本原則是：能分散且隱蔽地配置兵力和裝備，便於指揮、觀察、機動和展開火力。陣地一般都構築有掩體、設置有障礙物，以及進行過必要的偽裝。有些陣地還會根據地形構築坑道和地道等永備工事，並設有戰鬥和生活所需的相關設施。本章主要介紹──單兵陣地。在戰場環境下，任務的類型和時間的多寡基本上決定了士兵能夠修建出什麼樣的陣地，但不管條件如何，士兵所構築的陣地必須包含「能開火射擊」和「保護我方士兵不被發現，或者能夠抵禦直接或間接火力的攻擊」這兩個特性。

關鍵詞：掩體、隱蔽、開火的區域和戰場、如何修建陣地

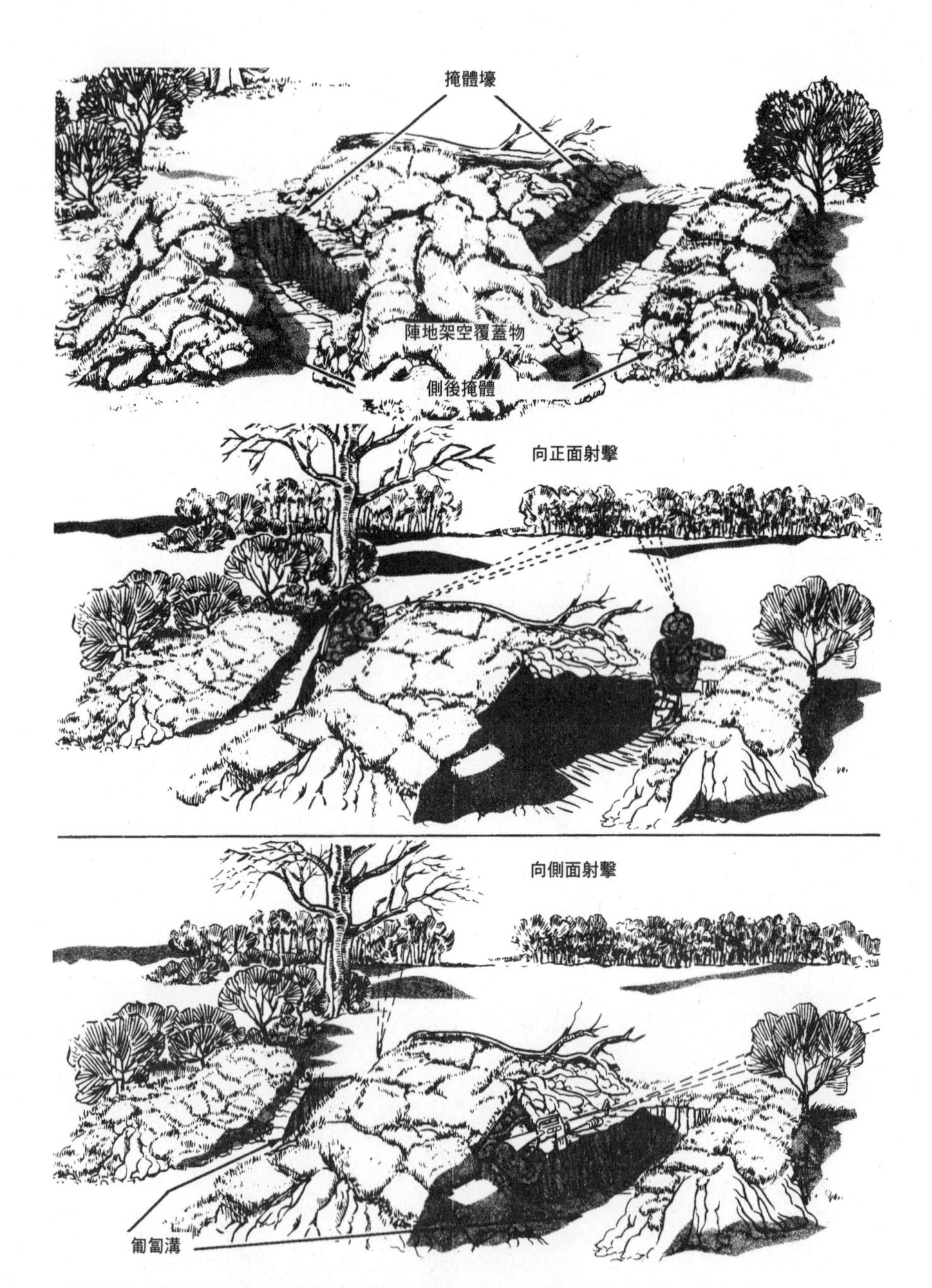

▲陣地必須保證士兵在受到前方直瞄火力壓制時，能夠在陣地正面掩體的保護下以45°角進行射擊。並且，掩體要能遮擋槍口位置，因為敵人的直瞄壓制火力其射擊路徑，不會和士兵的攻擊路徑完全一致。因此，遮擋槍口位置有助於士兵在對敵人進行持續射擊時，減小被敵方直瞄壓制火力擊中的概率。

陣地掩體

陣地的掩體必須非常堅固，既要能抵禦步槍的火力，又要能抵禦飛濺的彈片，還要能抵禦爆炸產生的衝擊波。陣地的正面掩體最好使用天然的材料，諸如粗壯的樹幹、原木和大石塊等，這不易引起敵人的注意。如果沒有合適的天然掩體材料，士兵可將挖掘掩體時得到的泥土裝入沙袋中。（當沙袋充分吸收水分後，其抗穿透能力和抗衝擊波能力都會得到極大提高。）

陣地掩體基本要求：

- 足夠厚，至少有46釐米（18英吋）的夯實積土層，以抵禦輕武器火力。
- 足夠高，能夠為射擊狀態下的士兵的頭部提供保護。
- 足夠空間，掩體的空間要足夠手腳伸展，以利於擴大射擊扇面。
- 足夠長，掩體的掩護範圍要廣，確保當士兵以45°角射擊時掩體亦能提供保護，並隱藏槍口（這一點尤為重要）。

為了抵禦包括核武器在內的武器所造成的攻擊，實現全方位保護，士兵在陣地的構築中還要修建架空的頂部覆蓋物、側翼及後方掩體，以此抵禦來自陣地上方、側翼和後方的間接火力攻擊。另外，為了保證士兵進出陣地時不被敵軍發現，士兵應盡量在掩體後方的匍匐區域內活動。

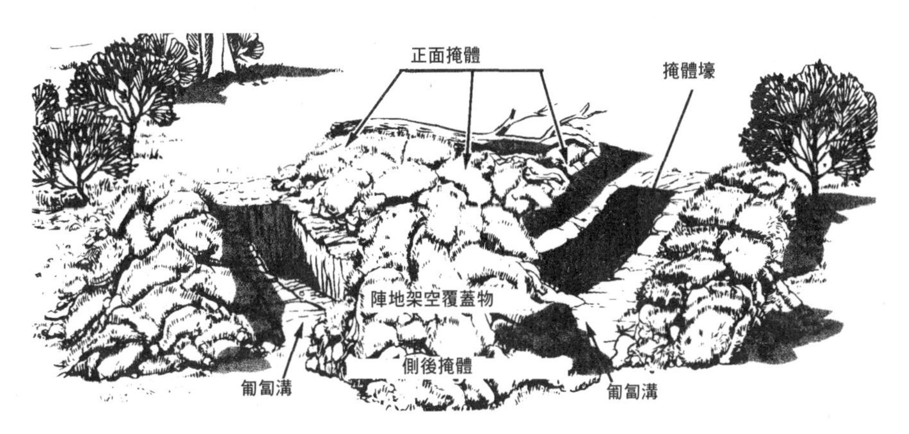

▲一個完整的防禦陣地，應帶有全方位掩體和匍匐溝。

為了提升核彈攻擊下的倖存概率，士兵在構築陣地時必須通曉以下的常識：

●圓弧形掩體物比矩形掩體物更能抵禦衝擊波，同時也更易於修建。

●狹窄的陣地入口更能抵禦輻射。陣地上的大部分放射性塵埃是通過入口滯留在陣地內的。

●陣地挖掘得越深，土層越厚，抵擋核輻射的能力就越強。

●四肢蜷曲有助於減少進入身體的核輻射劑量。

●深色且粗糙的表面能在一定程度上削弱核輻射通過反射所帶來的傷害。

陣地隱蔽

為了不讓敵軍發現，士兵必須對陣地進行必要的偽裝。

陣地應該盡量保持天然風貌。天然風貌帶來的隱蔽效果比人工偽裝的效果更好，原因在於天然隱蔽易於改造、不易引起敵軍注意、無須回收。

在挖掘陣地時，士兵應盡量不破壞周圍的天然隱蔽：把挖掘的積土置於陣地後方，並進行偽裝；盡量使用無須回收的偽裝材料；陣地的偽裝效果看上去應和環境相融洽。

▼從空中基本無法發現樹下隱蔽的陣地。

陣地要能躲開敵軍在空中和地面的偵察。如果陣地是修建在樹下或灌木叢中，則不容易被敵軍俯瞰時發現。將樹葉、草或草稈鋪設在戰壕表面，能夠減少新翻泥土與周圍環境的反差。切忌使用樹枝作為偽裝物，樹枝可能會使敵軍投擲的手榴彈無法滾入避雷槽中。

在被迫使用人造隱蔽物前，士兵必須仔細確認其與周圍環境的融合度。

陣地射界

射界是指射擊武器不變動發射位置時，能射擊到的範圍。射界的大小通常取決於武器本身的性能和地形、地物等情況。射界分為高低射擊與方向射界。在防禦體系中，各個陣地都有自己的射界範圍。當指揮官劃定射界時，通常會劃定主射界和次射界的範圍：主射界大致是陣地左右各45°角方向上的一個扇面；次射界通常為陣地正面。

▼通常情況下射擊陣地的射界安排。

▼戰鬥爆發前，士兵應盡可能清理射界。若射界來不及清理並致使戰鬥受阻，應進行火力清掃。

▲射界的前緣應該在武器的有效殺傷範圍之內，不切實際的射界安排，只能導致戰鬥計劃的混亂甚至是失敗。圖中左側士兵正向主射界內的敵人射擊，右側士兵正向次射界內的敵人射擊，不管敵人壓制火力和步兵攻擊路線如何選擇，此類陣地均可找到適當的反擊方式。

▲位於左右各45°角位置上的射界可以讓士兵出其不意地攻擊到敵人，同時保證士兵能與相鄰陣地相互支援，構成交叉火力網，對敵方的攻擊造成最大的火力封鎖和壓制。

為了在射界內有效實施瞄準和射擊，士兵必須要清理射界範圍內的障礙物和植被，這稱為掃清射界。清理射界要做到以下幾點：

●不要因為粗心和過分清掃而暴露陣地。

●在樹木稀疏的區域，將大樹的低矮枝條剪除。

●只有當低矮灌木叢干擾到視線時，才可以將之清除。

●將剪除的枝條、樹葉和雜草清理乾淨，以防被敵軍發現。

●用泥土或雪覆蓋陣地前方的樹木和灌木木樁。

●不要留下任何可能會會被敵人察覺的痕跡。

陣地構築

簡易陣地

簡易陣地是因時間有限而構築的應急陣地。戰場環境下，只要條件允許，士兵就應該構築並盡可能完善陣地。

在緊急情況下，士兵構築的簡易陣地其正面至少要擁有一定強度的掩體物，並確保陣地正面能夠承受輕武器的火力。同時，這個掩體要能保證士兵在對正面和兩側45°方向的射擊動作不受影響。

在陣地掩體物的構築上，士兵應充分利用天然掩體物，諸如天然洞穴、溝渠、彈坑、巨石、大樹根部、建築物殘骸、裝甲車輛殘骸等。如果沒有，那麼士兵在構築時至少要用碎石或泥土堆一個斜坡面，並且至少挖掘半米深的掩體壕。掩體壕

▲典型的單兵簡易應急陣地。

的長度至少要保證士兵能夠以臥姿的方式進行射擊或躲避火力，其後部應有緩坡狀的匍匐溝，以方便士兵進出陣地。此外，挖掘掩體壕時得到的積土可用來構築陣地周圍的掩體，盡量夯實並保持濕潤。

雙人陣地

在防禦作戰時，雙人的射擊陣地通常運用得較多。總體來說，雙人陣地有著較高的作戰效能。

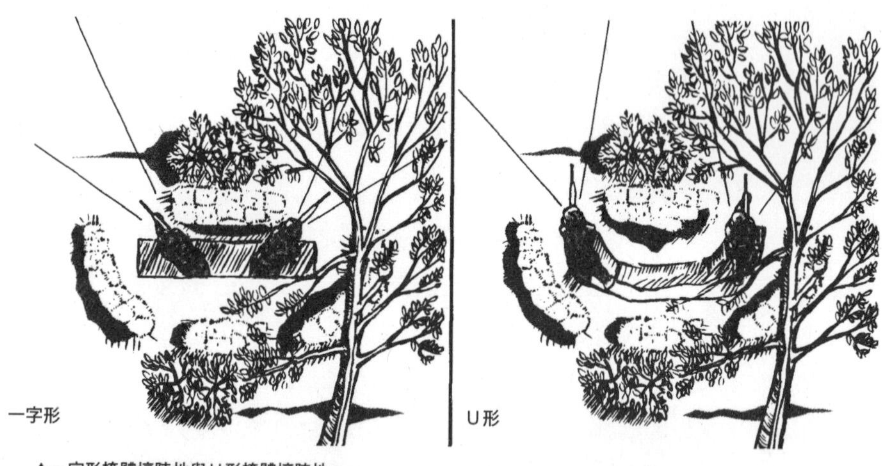

▲一字形掩體壕陣地與U形掩體壕陣地。

▲U形掩體壕陣地作戰示意。

雙人陣地掩體壕不應被挖得過於寬大。掩體壕越大，炮彈、手榴彈和空中爆炸物的彈片越容易飛入壕內；但也不能過小，否則在激戰時，士兵將無法正常作戰。

在正面掩體後的雙人掩體壕可為一字形，其長度至少要滿足兩名士兵同時作業。除了一字型，雙人掩體壕也可沿著正面掩體修建成U形，U型掩體壕能給士兵更好的保護，即便有炮彈或手榴彈落入掩體壕一側，彈片也不容易傷及另一側的士兵。此外，U形掩體壕擁有更好的觀察視野和更寬的射擊扇面，更利於士兵兼顧對正面目標和側面目標的射擊，且U形掩體壕中部的抗打擊力更強。當遭遇直瞄火力猛烈壓制時，士兵應該退到正面掩體後方躲避。不管是一字形掩體壕還是U形掩體壕，除了正面掩體物外，士兵都應沿著兩側和後方構築掩體物，並留下方便進出的陣地出入口和匍匐溝。

陡坡陣地掩體

修建在陡坡上的標準一字形掩體壕受到高低方向界的影響，無法保證士兵能以正常且相對安全的姿態射擊，迫使士兵必須完全站立射擊，甚至上身向掩體外探出，這將使得士兵的身體過多地暴露在敵人的火力之下。為了避免此一危險狀況發生，士兵應在陡坡上的掩體壕兩端挖設射擊口，兩個射擊口之間的土層可充當正面掩體的掩護功能。

▲陡坡對標準掩體壕的負面影響剖面示意圖。

▲陡坡掩體壕陣地的射擊口，在不過多影響正面掩體強度的條件下，盡量取得更寬的左右射擊扇面和向下的射擊角度。

陣地掩體壕尺寸

陣地掩體壕的深度應挖至士兵的腋窩處，這樣既可以減少身體的暴露，還能保證射擊的便利和有效。雙人掩體壕長度不少於兩把M16步槍的長度（U形壕為一端到另一端直線距離不少於兩把步槍的長度），掩體壕寬度為兩把刺刀的長度。

▲雙人掩體壕深度示意圖。

在掩體壕與正面掩體之間，要留出一定空間作為射擊時放置肘部的平台。士兵可以在平台上鑿一些肘孔，以便在射擊時固定肘部，提高射擊的準確性。

陣地掩體壕射擊台

如果士兵和戰友使用的是機槍或大後坐力的武器，最好在掩體壕與正面掩體之間預留的平台上挖掘小壕溝用來固定武器腳架。

▲對掩體壕與正面掩體物之間的平台仔細處理，有助於士兵提高射擊效能和延緩作戰的疲勞度。

陣地射界標和瞄準標

為了界定射界，指揮官需要在陣地中釘入射界標，射界標的使用可以防止士兵誤向友軍陣地開火的事故發生。通常情況下，長約46釐米的樹枝很適合作為射界標。射界標必須牢固且足夠醒目，以保證士兵的射擊不會射離射界。

在夜晚或其他視線受阻的情況下，指揮官在陣地上釘入瞄準標，將有助於士兵隨時對已經標定的危險目標方向做出反應，且能提高射擊精度。一般情況下，30釐米長的樹杈非常適合用作瞄準標。將一個瞄準標釘在掩體壕附近用以放置槍托，將第二個瞄準標沿著預定的目標方向，釘在第一個瞄準標前方用於放置槍管，以此類推，釘下其他瞄準標。這樣的放置方式，使士兵由一個方向換至另一個

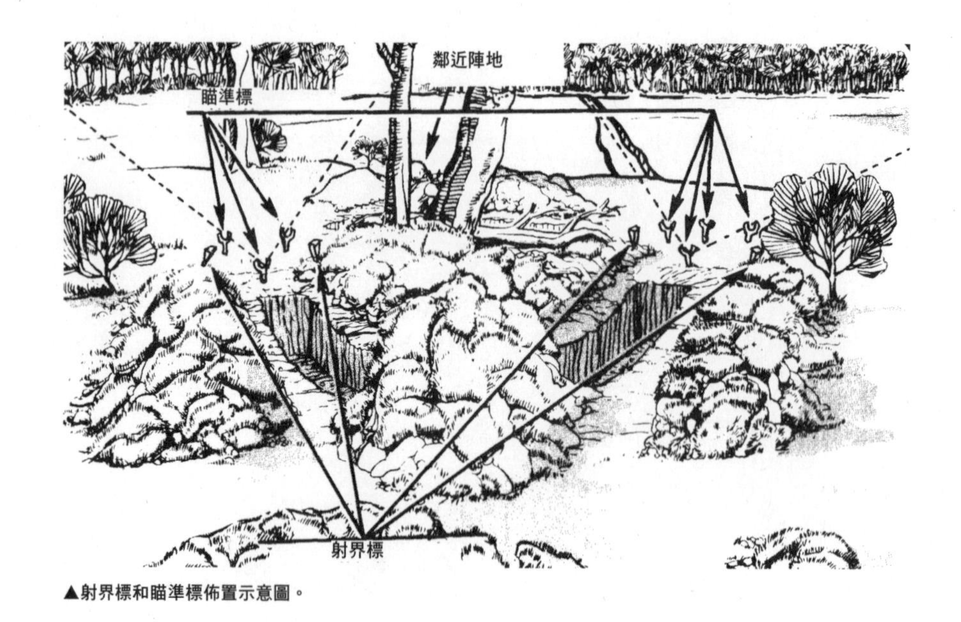

▲射界標和瞄準標佈置示意圖。

方向進行射擊時，可以迅速定位。

陣地避彈槽

在陣地底部挖掘兩條避彈槽（兩端各一個）。如果敵人將手榴彈拋進掩體壕，可將手榴彈踢入或者扔進槽內。避彈槽會吸收大部分的衝擊波，剩餘的衝擊波則將垂直向上衝出坑道。

一般來說，避彈槽的寬度應等同工兵鍬刃部寬度，深度至少要等同單兵工兵鍬的長度，長度等同戰壕底部寬度。

為了排水的需要，掩體壕底部的平台要修成向兩側避彈槽傾斜的斜坡，這會使手榴彈更容易滾落到槽內。同時，這樣的坡度也讓平台無法產生積水。

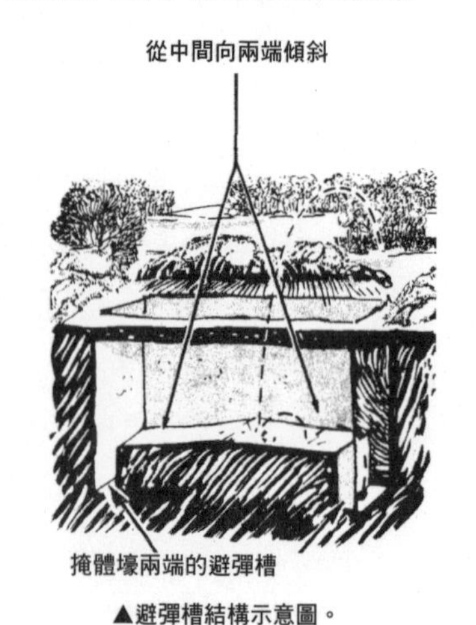

▲避彈槽結構示意圖。

陣地高架掩體

在陣地上修建高架掩體能有效防禦空中濺落的彈片、流彈，以及爆炸炸飛並拋落的石塊。高架掩體既可以在掩體壕中修建，也可修建在靠近側翼的位置。

士兵修建高架掩體，要在確保陣地不會暴露的前提下進行。一般來說，可在前面掩體物和後方掩體物上壘起直徑約10到15釐米的原木，原木長度以掩體物的長度為準。此外，壘起的原木也可作為鋪設頂蓋的支撐物。

在充當支架的原木壘好之後，士兵應接著將直徑約10到15釐米的原木沿垂直方向並排鋪在支架上，構成高架掩體的頂蓋。為了防止頂蓋的原木滑動，士兵還應將之與兩端的支撐原木進行固定操作（可用捆紮的方式或者直接用鐵釘進行固定）。

▲有條件的情況下，士兵應盡量構築高架掩體。

▲在壘原木時，固定原木的木樁應盡量遠離掩體壕邊緣（防止掩體壕邊緣崩塌）。同時，為了固定原木，士兵應使用泥土填充、夯實正面的空隙，並借助鐵絲或繩索將原木與固定木樁適當捆紮。

在這之後，士兵再在頂蓋上覆蓋防水布之類的防水材料，並進行偽裝（覆蓋厚約15釐米的泥土，使之與環境相融洽）。

在居中高架掩體可能暴露陣地的情況下，士兵可以選擇構築側高架掩體。不過，側高架掩體相對來說不利於觀察和射擊。需要注意的是，在修建側高架掩體時，士兵只需要在陣地底部中間靠近後牆的位置挖一個避彈槽即可。

士兵應首先在陣地的兩端各挖出一塊區域修建側高架掩體。一般來說，該區

▲高架掩體頂蓋搭建示意圖。

域的深度應在30釐米左右，寬度應比掩體壕兩邊各寬約45釐米，沿掩體壕方向的長度應在1米左右。需要注意的是，士兵應盡量將挖出的草皮保留下來作為後期的偽裝物。

▲盡量在頂蓋覆蓋泥土前先鋪上一層防水材料。

▲高架掩體在覆蓋新泥土之後極為顯眼，故一定要進行偽裝，不然容易招致迫擊炮等曲射火力的攻擊。

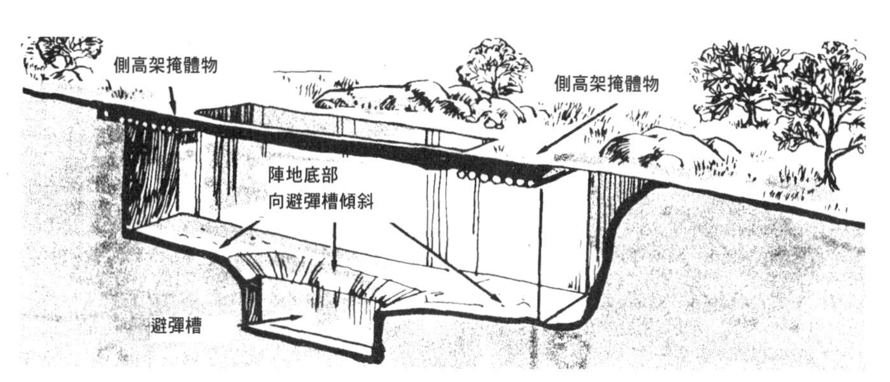

▲側高架掩體結構示意圖。

在挖出適當空間後，士兵應接著將直徑約10到15釐米的原木作為支撐物填入剛才挖出的區域中，並在支撐物上蓋上防水布之類的防水材料，以確保高架掩體不會漏水。

在原木填入完畢後，士兵還應在防水材料上覆蓋約15到20釐米厚的泥土，並將最初挖掘時保留下來的草皮用作偽裝物鋪回原處。

最後，士兵進入掩體壕，在高架掩體的支撐物下挖出一個類似洞穴的隔間（隔間要足以容納自身和攜帶的武器）。同時，掩體壕的另一端也應如法炮製。

▲挖掘側高架掩體時，士兵可根據實際情況選擇單側構築或雙側構築。

▲士兵在填入充當支撐物的原木時，應盡量使原木相互緊靠。

陣地加固

如果陣地是建造在砂土或鬆軟的泥土上，那麼士兵就需要對掩體壕進行加固，以防止其垮塌。為了將金屬網、木板、原木或藤條編織物固定、捆紮在木樁上，士兵可以使用鐵絲、繩子或電線等材料。此外，為了防止戰友將木樁誤認為射界標和瞄準標，構築陣地的士兵應盡量將木樁敲進土裡。

▲使用原有的地表草皮進行偽裝是最好的方式。所以在挖掘之初，士兵最好以分格揭取的方式保留草皮。

▲隔間頂部應直達原木支撐物下表面，且左右距離不超過原有掩體壕的寬度。

▲用木樁加固陣地。

單兵陣地

有時候，士兵需要修建一個單兵陣地容身。除了大小不同，單人陣地與雙人陣地在修建工序上並無差異。

機槍陣地

如果士兵隸屬機槍小組，則需要修建機槍陣地。在修建之前，所在部隊的指揮官必須安排機槍的位置並分配機槍的主射界和次射界，以及劃分機槍的首要火力方向（PDF）和最終保護線（FPL）。

士兵在修建機槍陣地之前，先要標記機槍三腳架的位置，然後用射界標標

▲常見單兵陣地。

記射界位置，並勾畫出掩體壕和正面掩體的大致輪廓。比如在修建M60機槍陣地時，士兵需要挖出兩個射擊平台來放置機槍。一個射擊平台在陣地的主射界旁邊，用於在開火時放置機槍的三腳架。另一個射擊平台在陣地的次射界旁邊，用於在機槍開火時放置其兩腳架。

配合掩體，射擊平台可以給槍手提供更多的安全保障。同時，有了射擊平台，士兵可以將正面掩體修得稍矮一些，用以保證射擊的高低角。但需要注意的是，射擊平台的高度不能過低，否則槍手無法在標定射界內實施有效射擊。

▲在構建機槍陣地前，士兵應先勾畫出輪廓線，這有助於準確、高效地構建陣地。

在射擊平台上堆放沙袋的方法不僅可以加強陣地防禦，還可以輔助固定射擊平台上的機槍腳架。

▲機槍陣地的射擊平台。

士兵修好射擊平台後就可以挖掩體壕了。這種掩體壕的形狀像一個倒置的T形，但需要注意T形的頂部必須比T形的柄部長。為了達到既保護槍手又便於射擊的目的，掩體壕一般要深至士兵的腋窩。在掩體壕底部，士兵則可以參考雙人陣地避彈槽的挖法，在底部兩邊與正前方各挖掘一個避彈槽。挖掘出的泥土可用於修建掩體。

如果機槍小組由三名士兵組成，那麼彈藥手則需要另挖一個單人陣地。通常單人陣地的陣地位置會和機槍手陣地處於同一方向，機槍位置為其火力方向和最終保護線的邊界。在單人陣地中，彈藥手主要觀察射擊機槍的次射界，同時觀察另外兩名槍手的狀況。彈藥手的單人陣地與機槍陣地通過一條匍匐交通壕連接，讓彈藥手既可以為機槍提供彈藥補給作業，也能替換主射手和副射手。

12.7毫米口徑機槍陣地與普通機槍陣地差別不大，士兵只需要挖一個低於地面的射擊平台。該射擊平台除了與地面存在高度差以外，與M60機槍陣地並無差別。為了防止機槍在射擊中位移，士兵需要在射擊平台上堆放沙包固定機槍腳架。同時，射擊平台的四壁需加固以防止射擊時產生的動能破壞平台。

這種機槍陣地的掩體壕形狀為L形，射擊平台須位於L形掩體壕的中間。通常情況下，掩體壕同樣應深至士兵腋窩處，並且正面掩體應先於側翼和後方掩體修建。

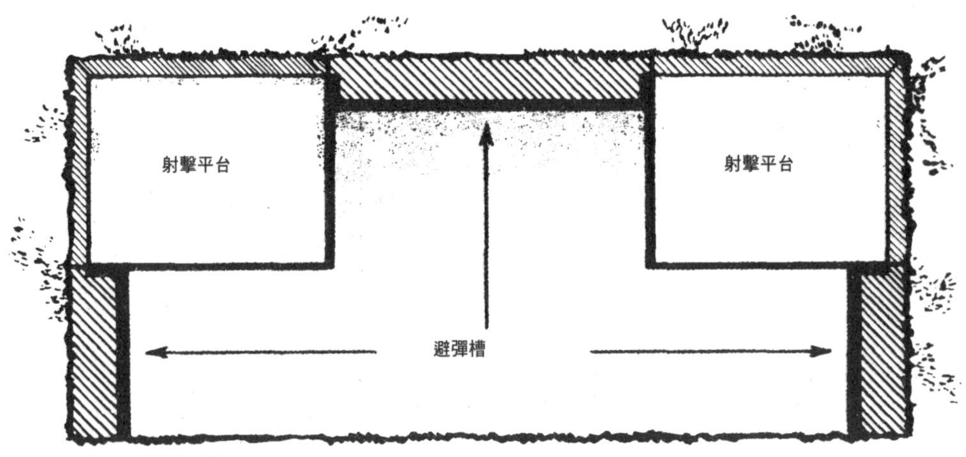

▲機槍陣地俯視結構圖。

▲機槍高架掩體陣地示意圖。
如果M60只有一個射界時，陣地的大小需要減半，且只需建一個射擊平台。

▲單射擊平台機槍陣地。

▲三人機槍小組陣地示意圖。

▲改良的雙人陣地。

▲改良後的帶有側高架掩體的雙人陣地。

輕型反坦克導彈陣地

稍作改變的單人或雙人陣地，可以作為反坦克導彈的發射陣地。需要注意的是，士兵在修建反坦克導彈陣地後，還需要準備一張相應的射程卡。

在掩體壕中，反坦克導彈的發射位置只需要齊腰深，它的另一側則要深至士兵腋窩處。在反坦克導彈發射時，士兵的身體會露出地面，因此正面掩體必須能夠為士兵提供一定的保護。此外，如有可能，士兵應盡量隱藏導彈發射筒尾部所噴出的尾焰。

原則上，反坦克導彈陣地的發射位置是不允許修建高架掩體的。因為在過於狹小的空間中使用反坦克導彈或其他火箭助推的武器，會燒傷射手，而空間足夠大的高架掩體發射陣地又有不小的暴露風險。所以，大多數時候反坦克導彈陣地都只適當地增加了側面掩體物的高度。

在使用反坦克導彈射擊之前，士兵要確保沒有戰友、牆體和大樹等在反坦克導彈的尾焰區域內。在雙人陣地中，更要確保戰友不在炮尾焰區域內，以防不測。

▲反坦克導彈陣地示意圖。

▲從陣地發射反坦克導彈。

90 毫米無後座力炮陣地

90毫米無後座力炮陣地與輕型反坦克導彈陣地類似。士兵修建該陣地時，同樣需要準備射程卡，並清除炮尾焰區域的障礙。

▲90毫米無後座力炮陣地。

輕型單兵火箭筒陣地

使用輕型單兵火箭筒射擊時，士兵無須構築特殊陣地，只需要清除尾焰區域的障礙即可。

交通壕

如果時間允許，士兵應盡量挖掘交通壕使各陣地能相互貫通，同時也為陣地之間的人員行進提供掩護路線。交通壕的深度取決於時間和可利用的人力及設

▲在陣地中使用輕型單兵火箭筒射擊。

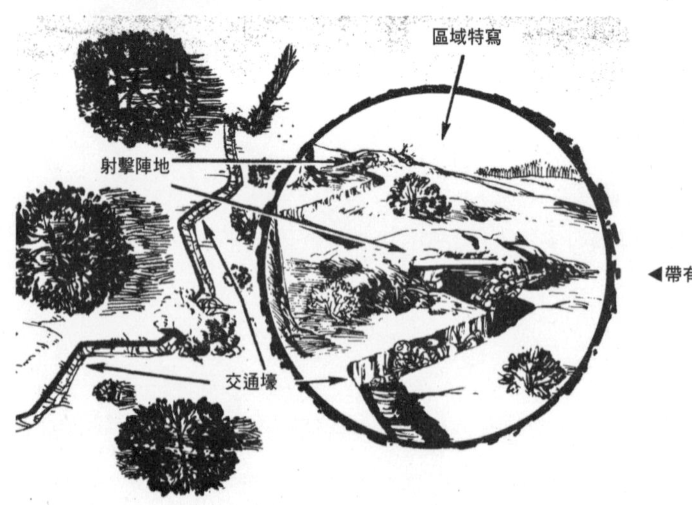

◀帶有交通壕的陣地的俯視圖。

備。在沒有工程援助的情況下，一般的交通壕深約1米，寬約2/3米。為了防止敵軍突入交通壕後對壕內戰鬥掃射，同時也為了減弱炮彈的殺傷威力，士兵在構築時應將交通壕與掩體陣地盡量挖掘得「蜿蜒曲折」。

儲存區

陣地內應該有一個專門的地方儲存武器裝備和彈藥。如果陣地中建有居中高架掩體，士兵則應將儲存區建在後牆底部。如果陣地上建有側高架掩體，士兵則應將掩體下方的隔間用作儲存區。此外，儲存區也可用作為士兵的輪換休息區。

▲居中高架掩體儲存區。

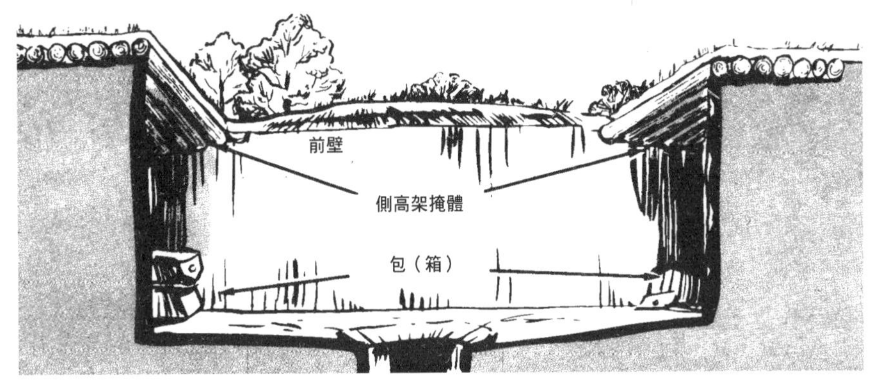

▲側高架掩體儲存區。

第3章

行進

通常士兵在執行任務時，會在行進方面花很多的時間。因此，士兵應掌握一些行進方面的技能。而本章所講述的，就是每個士兵都必須掌握的基本行進技能。

關鍵詞：行進技能、行進時的應急行動、部隊行進、攻擊和行進、隨坦克行進

行進技能

部隊的行進能力取決於每個士兵的行動力，如果士兵在行進時能避免被敵人發現，則可顯著提升其行動力。下面所講述的技能可以在一定程度上降低士兵在行進時被敵人發現的概率：

- 偽裝好自己和所攜帶的武器裝備。
- 首先，將自己的身分識別牌（俗稱「狗牌」）捆在一起，並用鍊子固定好，以免兩塊身分識別牌相互碰撞發出聲響。然後，將一些容易因碰撞而發出聲響的武器捆好或用墊子墊好（以不要影響武器的使用為前提）。在完成捆綁後，上下晃動上述物品，以測試是否會發出碰撞聲。
- 在行進時應穿著柔軟、合身的作戰服。
- 行進時不要攜帶不必要的武器裝備。此外，從掩體運動到射擊陣地，整個過程應控制在5秒內。
- 由一個陣地前往另一個陣地前，應仔細觀察和聆聽，在沒有發現異常後才能行進。
- 需要選擇有掩體或隱蔽物的行進路線。
- 在茂密的草叢中行進時，需要不斷對自己的行進方向做細微改變，以擾亂敵人的判斷。
- 當四周有鳥鳴聲、鳥類撲騰翅膀的聲音，以及動物受驚時發出的聲音時，應立即停止行進，並仔細觀察或聆聽敵軍是否就在附近。
- 應善於利用戰鬥聲響來掩蓋行進時所發出的聲音。
- 在橫穿道路和小徑時，應盡量選擇有掩體或隱蔽物的路線（如涵洞、低窪處、彎道或橋洞）。
- 在選擇行進路線時，應盡量避開陡坡和土質疏鬆的地方。
- 在行進時，應盡量避免從空曠地帶或山頂通過。

沿著有掩體和偽裝的路線行進。

從有掩體的陣地出來時，不要直接向前方行進。

不要向可能有埋伏和其他危險的地方行進。

▲士兵在戰場環境下的行進注意事項。

行進方法

在行進過程中，士兵除了立姿行走外，還有三種常用的行進方式：低姿匍匐、高姿匍匐和躍進。

當士兵採用低姿匍匐的姿態行進時，身體的著彈面積最小。在需要穿過只有低矮隱蔽物的地方，且處於敵人的火力下或敵人正在實施偵察時，士兵需要使用這種行進方式。

當士兵採用低姿匍匐姿態時，可將身體平貼著地面，用扣動扳機的手緊握位於槍體前部、槍帶掛鈎處的槍帶，保持槍口斜朝上的姿勢，拖著槍行進。在行進時，士兵需要用雙手拉動身體，並用腿將身體向前推。

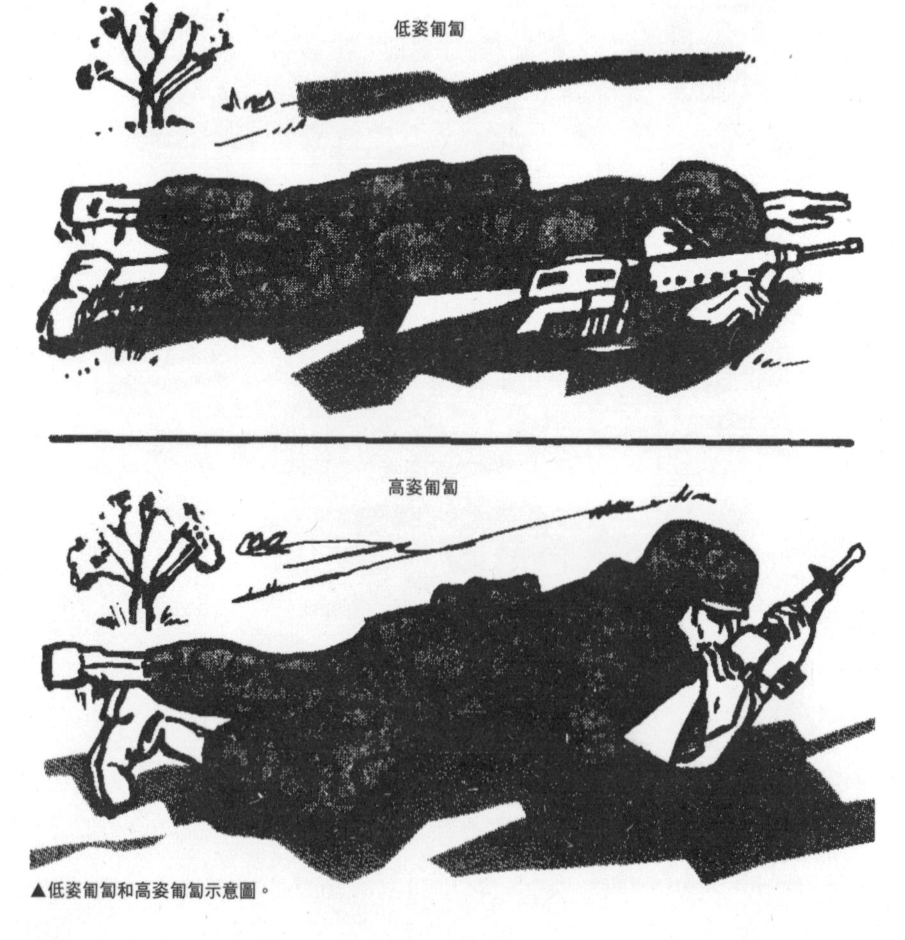

▲低姿匍匐和高姿匍匐示意圖。

高姿匍匐比低姿匍匐的行進速度快，但身體的著彈面積也有所增加。在隱蔽較多，但敵人的火力使人無法站立行進時，士兵可採用高姿匍匐的方式行進。高姿匍匐行進時，士兵需要用手肘和膝蓋支撐並移動身體（上半身離地，並用雙手握持武器）。在移動時，右肘配合左膝與左肘配合右膝交替使用。

躍進是最快的移動方式。為了防止敵人使用機槍和步槍進行追蹤射擊，士兵每次躍進的時間應控制在3到5秒左右。士兵在躍進的過程中一定不要停下來站在空曠地帶，否則將會立刻成為敵人的優先目標，並引來致命火力。此外，在躍進前，士兵一定要盡量選擇有掩體或隱蔽物的行進路線。

士兵在需要通過躍進的方式進入目標陣地時，要做到以下幾點：

●在出發前，緩慢抬起頭觀察周邊環境和敵人火力情況，並選好目標陣地和最優行進路線。

●觀察完畢後，緩慢低下頭（動作不可過大）。

●讓手臂靠近身體，並使肘部向身體收攏。

▲一般來說，士兵在躍進時要有掩護火力的配合，且躍進的時間與距離都不可太長。

●用手臂支撐起身體。

●向前邁出右腿。

●快速起身，跑向目標陣地。

當士兵準備停止躍進時，需按以下步驟進行：

●立刻臥倒，成匍匐姿勢。

●迅速進入預先選定的目標陣地。

●選擇適當的觀察和射擊位置。

●進行射擊或選擇下一次躍進的目標陣地。

如果士兵於躍進前，在某陣地進行過持續射擊或已經暴露，則可能讓他的位置被敵人密切關注。所以，士兵在遇到這類情況並需要進行躍進時，一定要從陣地翻滾或爬行一小段距離。在脫離陣地正面後，再於其他位置發起躍進（也可朝陣地的一個方向拋出砂土或醒目的物體，然後立刻從陣地的另一側躍出）。也就是說，士兵必須在發起躍進衝擊前干擾敵人的判斷。

此外，如果士兵必須採用躍進的方式通過空曠地帶，且需要面對敵人的正面火力，那麼在躍進時應採用Z字形路線。並且，在躍進過程中切忌保持同一個運動方向，或某種固定躍進姿態；而是要隨機變換姿態或方向（比如每隔兩三秒就向右或向左翻滾一次）。

祕密行進

祕密行進是指安靜、慢速和小心翼翼地移動，這需要極大的耐心。在祕密行進時，士兵需要注意以下幾點：

●雙手持槍，並打開保險，隨時準備射擊。

●移動時，將身體的重量放在著地的腿上。

●抬高跨步的腿，不要被地上的雜草和灌木絆倒，切勿將腳放在地上拖行。

●跨出一步後，輕輕放下跨步的腿，腳尖先著地（這時身體的重量依然放在後腿上）。在腳尖已經站穩後，方可放下腳跟。

●將身體的重量轉移到之前跨步的腿上，保持平衡後再抬起另一條腿。

●步幅不要過大。

當士兵在茂密的植被中夜行時，切勿發出聲響。因此，士兵需要一隻手拿著武器，另一隻手向前摸索障礙物。此外，當士兵到達目標陣地時，還應按照以下步驟操作：

●一隻手握住武器並緩緩下蹲。

●另一隻手在下蹲時伸向地面，探知是否有地雷、絆網或其他危險物。

●然後雙膝先後跪下，用雙膝和另一隻手（以下簡稱「空手」）支撐全身重量。

●將身體的重量移至空手，以及與空手成對角線的另一側的膝蓋上。

●沒有承擔身體重量的膝蓋伸向身體後方，再放低身體。然後，另一隻腿也慢慢放平。

●進入臥姿狀態。

▲跟隨指揮官撤離危險區域。

士兵在爬行時，可以使用以下技巧：

- 用手和膝蓋為支撐向前爬行，用扣動扳機的手持槍，而另一隻手則用來排查地面的障礙物。
- 確認無障礙後，迅速移動到目標位置，並按照前文所述的方式臥倒。

行進時的緊急行動

本節主要講述在遭遇敵軍間接火力攻擊時，士兵該採取什麼樣的行動。

對間接火力的反應

如果士兵在行進時遭受間接火力的攻擊，應馬上向自己的指揮官尋求指令（撤離或跟隨指揮官行動）。如果士兵不能及時找到指揮官，則應跟隨戰友行進。但如果找不到指揮官，也找不到戰友，則應盡快向遠離間接火力的方向撤離。

需要注意的是，雖然崎嶇的地形能為士兵提供很好的掩護，但要在這一地形條件下實現快速撤離卻是比較困難的。因此，當遇到這種情況時，應選擇好掩體，等待間接火力減弱後再迅速撤離。

▲士兵應盡快對被點燃的地面照明彈做出反應，因為這些地域基本上都是預先標定好的火力打擊範圍。

對地面照明彈的反應

通常情況下，敵軍在預警時，會在地面上燃起照明彈。此外，也有人會選擇將照明彈捆綁在絆網上，當絆網被觸動時就會點燃照明彈。如果暴露在照明彈的強光下時，應盡快離開照亮的區域，因為敵人很可能會馬上向此區域開火。

對空中照明彈的反應

一般情況下，敵軍會借助空中照明彈來照亮關鍵區域。空中照明彈可由手持投射器、榴彈發射器和迫擊炮發射，或從飛機上投擲。

- 如果士兵在行進時聽到照明彈發射的聲音，或是看到照明彈發射的動靜，應在照明彈還未發出強光前進入臥姿狀態或躲在掩體後。
- 如果士兵在行進時被照明彈的光線照到，且周圍環境非常易於掩護和偽裝（例如森林），只需站在原地不動直到照明彈燃盡即可。
- 如果士兵在行進時被照明彈的光線照到，且身處空曠地帶，則應立刻蹲下或趴下。
- 如果士兵在穿越障礙物（如鐵絲網或牆體）時被照明彈的光線照到，應立刻蹲下直到照明彈燃盡。

▲切勿直視照明彈，這會導致瞳孔激烈收縮，在強光消失後出現暫時失明的狀態。

照明彈的強光很可能會使我方士兵和敵方士兵都暫時失明（即當敵軍在夜間用照明彈來觀察我軍的軍情時，也在某種程度上犧牲了自己的夜視能力）。為了保護自己的夜間視力，士兵應在照明彈爆炸時閉上一隻眼。這樣的話，當照明彈燃盡時，士兵還能有一隻眼睛擁有敏銳的夜視能力。

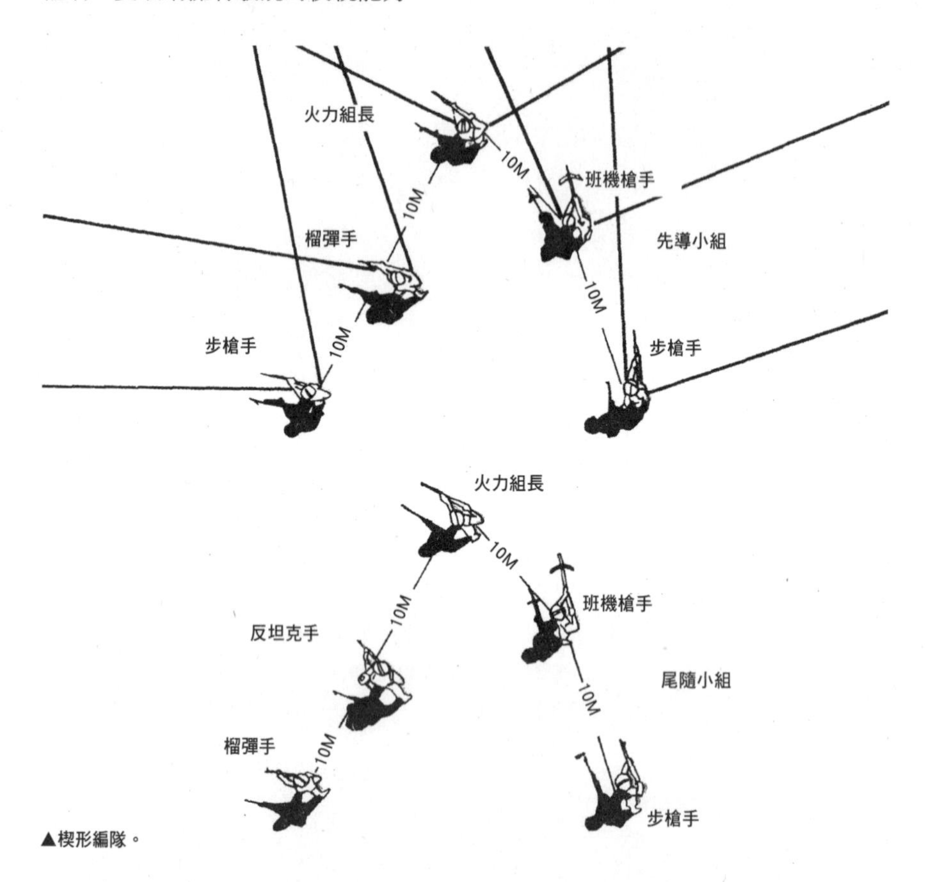

▲楔形編隊。

部隊行軍

在通常情況下，兵力較少的部隊（如步兵火力小組）在行軍時，會組成楔形編隊。在採用這種隊形時，指揮官會根據士兵攜帶的武器種類來安排固定的位置，但有時也會在行進中根據實際情況做些微調。在採用這種隊形時，兩個相鄰的士兵通常相距約10米。當部隊在狹窄地形裡行進時，需要對楔形編隊做一些臨時調

▲因為夜視系統並不能在所有的環境下通用，所以在部分視野不佳的情況下需要用到螢光發光帶。

整：比如當周圍是茂密的植被或要經過狹窄的通道時，編隊成員應自動收攏成縱隊，待通過後再次展開。

一般來說，作戰小組的指揮官會通過示範動作來下達命令。比如，在他命令「尾隨我並跟著我做」時，士兵就必須跟從並重復他的動作。

在視野不佳的條件下行進時，距離控制會變得很困難。此時，士兵應將兩條約2.5釐米長的螢光發光帶水平縫在頭盔後部（螢光發光帶之間的距離約為2.5釐米）。如果士兵佩戴的是巡邏帽，則需準備兩條長約3.8釐米的螢光發光帶，將它們垂直縫在帽子後沿的中間（螢光發光帶的下端應靠近帽子的下沿，兩條螢光發光帶之間的間距約為2.5釐米）。

行進中開火

當戰鬥單位與敵軍展開交火時，通常是一邊進行移動（逼近敵軍或撤退），一邊進行射擊，這種在運動中進行射擊的技能稱作行進中開火。

- 移動和射擊這兩個要素是同時發生的。
- 射擊是為移動做掩護，以達到火力壓制的目的，保證士兵在移動時的相對安全。
- 移動既包括接近敵軍，也包括撤退到一個更好的位置繼續戰鬥。一般來說，必須要在射擊要素得以執行的同時才能進行移動。
- 根據靠近敵軍陣地的距離和可能獲得的掩體，執行射擊任務和移動任務的士兵，可以互換以完成行進任務。
- 當執行移動任務的士兵即將到達射擊小組的火力保護範圍外時，應立刻停止移動，並佔據一個可以對敵軍進行射擊的陣地。此時，執行移動任務的士兵將自動成為下一輪行進時的射擊小組，而原來執行射擊任務的士兵則變成了移動小組，從而實現角色互換。
- 當士兵所在的小組與敵軍交火時，小組指揮官應該告訴他是執行移動任務還是射擊任務，以及移動的目的地或射擊的位置和目標。士兵在執行移動任務時，可以自行選擇採用低姿匍匐、高姿匍匐或躍進等行進方式。

隨坦克行軍

士兵經常要跟隨坦克行軍。當士兵必須要保持與坦克同樣的行軍速度時，登上坦克是常見方法。然而，這也會讓士兵暴露在各式各樣的攻擊中。同時，這也會影響坦克的機動性與炮塔的工作。因此，在與敵軍發生交火時，士兵必須馬上離開坦克。

士兵必須在得到坦克指揮官的允許後，方可從坦克的右前方登上（在坦克的左邊有共軸機槍，不適合從這裡登上坦克）。一旦登上坦克，就必須移至坦克的側後部，如果坦克的側後部沒有足夠的空間，也可以站在炮塔旁，緊握艙門或艙口。

此外，在坦克上站立時一定要注意周圍的樹木，以防被樹木絆倒。同時還要注意一些可能使坦克突然轉向的障礙物。

需要特別說明的是：由於站在坦克上是一種很危險的行為，所以在登上坦克前一定要權衡利弊。

▲從右前方登上坦克。

第4章
觀察

在軍事行動中，首要的是找到敵人。因此，在戰場上，總會有士兵被委派去偵察敵軍的行蹤或監視舉動。

觀察哨是士兵觀察特定區域並報告該區域所有觀察和監聽到的信息的地方。

（本書第六章中將詳細講解士兵如何觀察、收集與報告情報。）

關鍵詞： 如何觀察、觀察聆聽、範圍評估

如何觀察

本節講述如何在白天和夜晚完成觀察任務。

白天觀察

士兵在白天觀察目標區域時，應按以下兩個步驟操作。

第一步，對整個區域進行快速且全面的掃視，篩選出明顯的物體及不自然的

▲快速掃視整個目標區域，篩選出盡可能多的可疑目標，為後面的仔細觀察做準備。

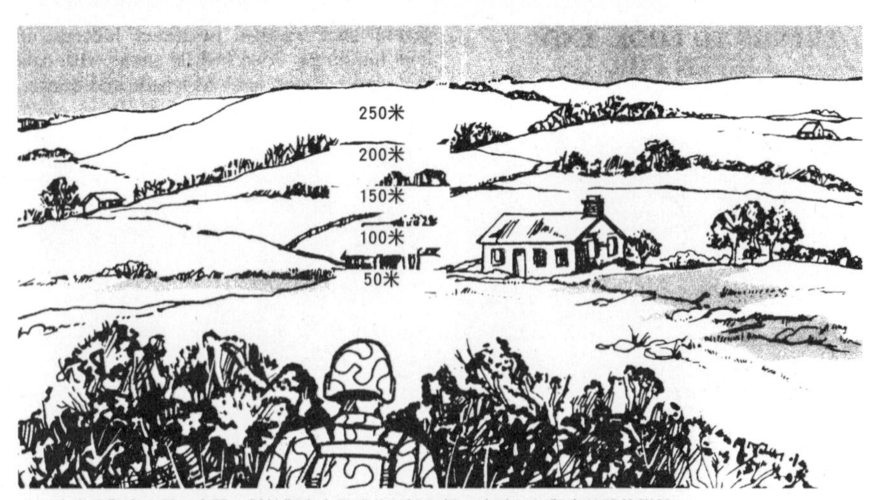

▲50米寬的觀察分區示意圖。對於觀察中發現的可疑目標，應該仔細觀察並記錄詳情。

顏色、輪廓及其他可疑物。首先觀察所在陣地的前方區域，然後迅速掃視視野所及的最大觀察範圍，如果觀察區域實在太大，則可將其分為若干較小的區域，再按照第二步進行觀察。

第二步，將整個區域按50米的寬度，由近及遠劃分成若干小區域，再從左至右或從右至左交替觀察每一個區域。在確定發現可疑物後，進行仔細觀察。

夜晚觀察

士兵在夜晚執行觀察任務時，可使用以下幾種觀察技巧。

第一種，暗適應技巧。首先，在黑暗區待30分鐘（越黑越好）或在點著紅燈的區域待20分鐘後再到黑暗區待10分鐘，使眼睛適應黑暗環境。使用紅燈適應法時，士兵可利用紅燈20分鐘的時間等待上級命令、檢查裝備或者做其他準備。因此，此種技巧更節約時間。

第二種，偏離中心的注視技巧。受到眼睛感光細胞分布特點的影響，在暗環境下眼睛焦點處的敏感程度要比焦點周圍部分低。根據這一特點，士兵在對可疑目標物進行仔細觀察時，應將視線焦點適當偏離觀察點，用余光注意觀察點的情況，使用此技巧觀察到的物體比直視時更清晰明顯。

第三種，掃視技巧。根據前一點提到的特性，士兵可將注意力集中在某個物體周圍上，隨後再快速地以「8」字形圍繞該物體移動視線。

觀察和聆聽

在對某區域進行觀察時，需要仔細查看和聆聽，請重點關注聲音、塵土和車輛排出的廢氣、移動中的物體、陣地、輪廓和陰影、非自然光光線和色彩反差大的物體。

聲音

仔細聆聽腳步聲、枝條折斷聲、樹葉劇烈碰擦聲、咳嗽聲和武器、車輛發出的聲音。這些聲音可能與其他的自然聲音相混淆，因此，士兵在聆聽前，需要花一點時間確認該地域主要出現的自然聲響，並依次默記在心——這將有助於快速感應到異常聲音。

聲音可以暴露敵軍的大概方位。雖然聲音無法精準透露出敵軍的位置，但至少可以輔助觀察員更容易地找到敵軍，甚至判斷敵軍在從事何種行動。

塵土和車輛排出的廢氣

步兵行進和車輛行駛都能揚起塵土，同時，車輛還會釋放尾氣。這些都能讓士兵在較遠距離外發現敵軍蹤跡。

移動的物體

移動的物體是更為有價值的觀察目標。士兵可以對目標區域進行區域劃分，在每個區域中標定幾個主要觀察對象，並將之默記或記錄下來。在這之後，士兵可以每隔一小段時間重復確認一次，這有助於發現一些緩慢移動的目標。

陣地

執行觀察任務時，士兵不可放過能提供隱蔽和偽裝條件的地方，如樹林、草叢等。

輪廓和陰影

搜尋敵軍士兵、武器裝備、車輛的輪廓以找到敵人蹤跡。士兵應仔細觀察樹蔭或房屋的背光處是否藏有敵軍和武器設備，特別是陽光特別強烈的時候，陰影處更需要特別留意。

非自然光光線

在黑暗中，士兵可以靠搜尋光源來確認敵人的位置。如燃燒的香煙、車燈或電筒等。在白天，這些光線可能來自擋風玻璃、前燈罩、油膩的齒輪、手錶錶盤或裸露的皮膚等表面。

色彩反差大的物體

搜尋與背景色不一樣的色彩，如軍服、裝備、皮膚。一般T恤或襪子與背景顏色的反差強烈，是最容易被士兵忽視的地方。

距離估算

作為肩負觀察重任的士兵，經常需要快速估算距離。這時候，除了使用密位尺等測距方式外，還可使用一些粗略的快速估算來測距，如100米測量制、物體外觀法和聲光測距法。

100 米測量制（日用）

先就近取100米距離作為測量單位。如果觀測地與目標距離在500米範圍內，那麼參照之前選取的測量單位，觀測地與目標之間的距離可通過目測得到大致的數據，即「100米的幾倍」。如果觀測地與目標距離大於500米，則在觀測地與目標之間找到中點，然後只需參照之前選取的測量單位目測出觀測地到中點的距離，再將該數據乘以2便得到大致的整個距離。

值得注意的是，如果遇到斜坡，那麼「100米測量制」就可能存在較大的誤差。100米測量制的準確性取決於測量區域的大小。如果測量區域距離較長，如超過1,000米，那麼通過該方法得到的數據會偏離正確數據較遠。

物體外觀法（日用）

物體外觀法是依據某個物體的外觀尺寸及細節來測量的一種常用測距法。例如：當一名車手想要超過另一輛汽車時，就會依據來車的外觀大小判斷與對面來車的距離。事實上，車手想知道的並不是確切的距離，而是能否有足夠的距離安全超車。假設他事先知道在1公里外的車輛外觀大小為幾釐米寬、幾釐米長，兩個車前燈之間的距離為幾釐米，那麼如果他眼前出現的車輛外觀尺寸大致符合該數據，就說明他離那輛車的實際距離就在1公里左右。

這種物體外觀法也適用於戰場測距。如果觀察員知道在某個距離上，武器和人員外觀的大小，那麼通過目測就能得到具體的距離數據。

要使用這一方法就必須熟悉物體在不同背景下的外觀尺寸和細節;但需要注意的是,這一方法受能見度的影響很大。

組合方法

戰場測距不可能總是在理想的環境中進行,這就要求觀察員要將不同的測距方法組合起來使用,以得到經過確認的較準確數據。例如:即使觀察員無法觀察到目標所在地形的全貌,也依然可以使用物體外觀法測得距離。待測區域也許被煙霧所籠罩,使目標物的細節難以辨識,但觀察員依然可以靠其外觀尺寸或使用100米測量制測得距離。

聲光測距(常用於夜用)

由於聲音在空氣中的傳播速度為每秒340米左右,因此,如果觀察員既能聽到又能看到某個發出聲響的物體,就可以準確測出該物體與所在地的距離。觀察員在看到目標武器放出煙霧或火光,或者激起塵土時,就應立刻開始計數,並在聽到相應的聲響時停止計數,然後將該計數乘以340米,得到的數據就是兩者之間的距離。

值得注意的是,聲光測距法除了受限於環境外,同時也受限於觀察員的計數精確性。空曠環境的測距精確度遠比在山谷或叢林等地測得的要高。當計數以秒計時,觀察員的計數誤差越大(即便是慢了半秒,誤差值也有170米。如果觀察員採用默念式計時,當計時越長,誤差值也會越大),得到的距離數據越失真。

第5章

核武器和生化武器

士兵必須要學會如何在核武器和生化武器的攻擊下保護自己，並倖存下來。本章主要講述如何運用各種方法來避免或降低核武器及生化武器所造成的危害。

關鍵詞：核武器、生化武器

核武器

本節將講述核爆炸的特點以及對人員、裝備和補給可能造成的危害，並介紹一些簡易的防護方法。

首先，我們要知道核爆炸的特點是具有強烈的衝擊波、熱輻射、核輻射以及電磁脈衝。其次，要明白核爆炸的各種特性會造成什麼樣的傷害。

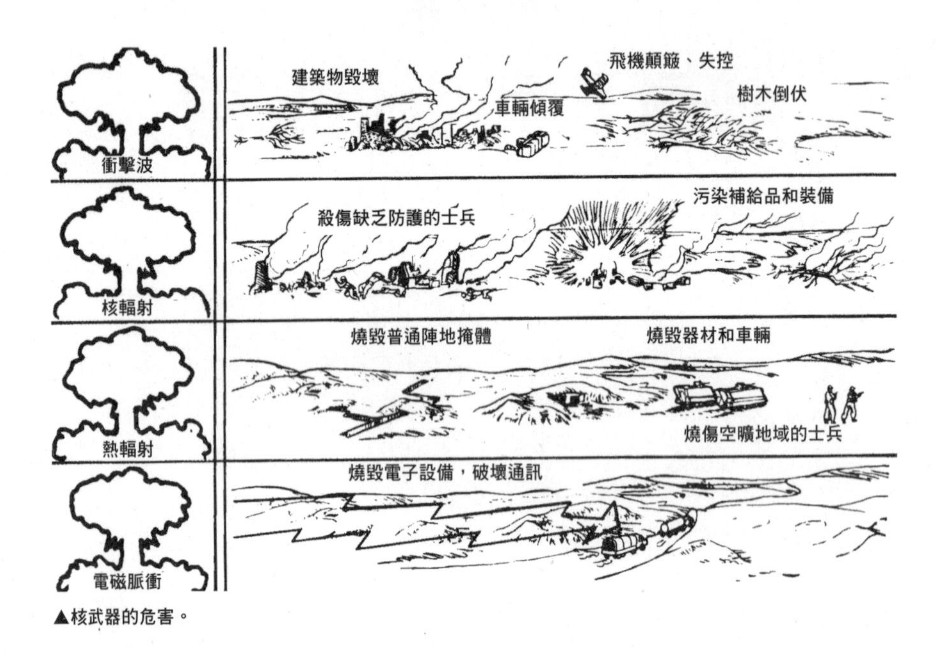

▲核武器的危害。

爆炸產生的強烈衝擊波能將建築物摧毀，其所引發的狂風會將地面的各種物品捲起。

熱輻射會燒傷人的身體，引燃各種可燃物。爆炸瞬間（尤其是晚上）所產生的強光可使人暫時失明或對眼睛造成永久性的傷害。

核輻射會給人員帶來放射性傷害，使其失去執行任務的能力。核輻射會持續很久，按階段可分為初期階段和後期階段。

初期階段是指由爆炸直接引發的輻射。該種輻射從輻射源向所有方向以光速直線發射，具有很強的穿透力。至於後期階段則是指核爆炸後，一些受核爆炸污染的放射性塵埃、物品和裝備所發出的輻射。

電磁脈衝（EMP）是核爆炸產生的以光速向周圍傳播的強電磁輻射。它可以干擾電子設備（如無線電設備、雷達、電腦和車輛等）的元器件，還能影響導彈等依靠電子系統工作的武器。為了弱化電磁脈衝造成的危害，可將重要裝備移至掩體後（如裝甲車與厚實的土牆）以降低裝備受到的直接衝擊。

對士兵的影響

如果人員暴露於核輻射中則會受到嚴重的細胞傷害，這種傷害會導致士兵患上「輻射病」。病情的嚴重程度取決於所受的輻射計量、暴露的時間以及本身的身體狀況。輻射病早期症狀為頭痛、噁心、嘔吐、腹瀉，這些症狀在遭受核輻射後1～6小時內會顯現。如果所受的輻射計量小，那麼可能就不會出現輻射症狀，但如果早期症狀在潛伏一段時間後再次出現，那麼就需要立刻去醫療站尋求幫助。

對補給和裝備的影響

爆炸能使密封或半密封的物體爆裂，如罐頭、電池、油箱和飛行器等。同時，建築物崩塌處的碎石、瓦礫會掩埋補給和裝備。

核爆所炸釋放的熱量能點燃乾燥的木材、燃料、油布和其他易燃物質，強光可以損傷視力。

核輻射能污染食物和水源。

防禦核攻擊

最快速、最有效的防禦方式是躲藏於堅固的山洞、地面壕坑、溝渠或堅固的陣地掩體中。

當人員隱蔽在露天掩體時，發現核爆炸後，應臥倒在工事底部，閉眼，閉嘴，腹部微收，兩手交叉墊於胸下，並將兩肘前伸，使兩大臂遮擋頭部，避免或減少光輻射對暴露皮膚的傷害。在單人掩體內的人員可蹲下，使身體盡量放低，並用兩手堵塞耳孔。

當人員來不及進入掩體時，發現閃光後，應迅速利用就近地形、地物臥倒。臥倒的方向依核武器爆炸的方向和地形的特點而定。在開闊地面的人員應背向爆心臥倒；當地形、地物較小時，應對向爆心臥倒，重點防護頭部；在室內來不及外出隱蔽的人員，應該避開門、窗，在屋角或靠牆的床下、桌子下臥倒，以避免受到間接傷害；如處於行駛狀態的車輛中，發現閃光後，駕駛員應立即停車，人員最好在車上臥倒，如不便臥倒，那麼也要盡量放低身體，並緊握車廂或把手。

爆炸結束後，人員方能移動。迅速檢查身體有無受傷，武器、裝備是否損壞，然後繼續執行任務。

輻射在核爆炸後一段時間都不會消失，並且無色無味，只能被輻射探測器檢測到。具體操作可參考《核生化防護（美陸軍野戰教範）FM21-40》，盡可能快速撤離輻射污染區。

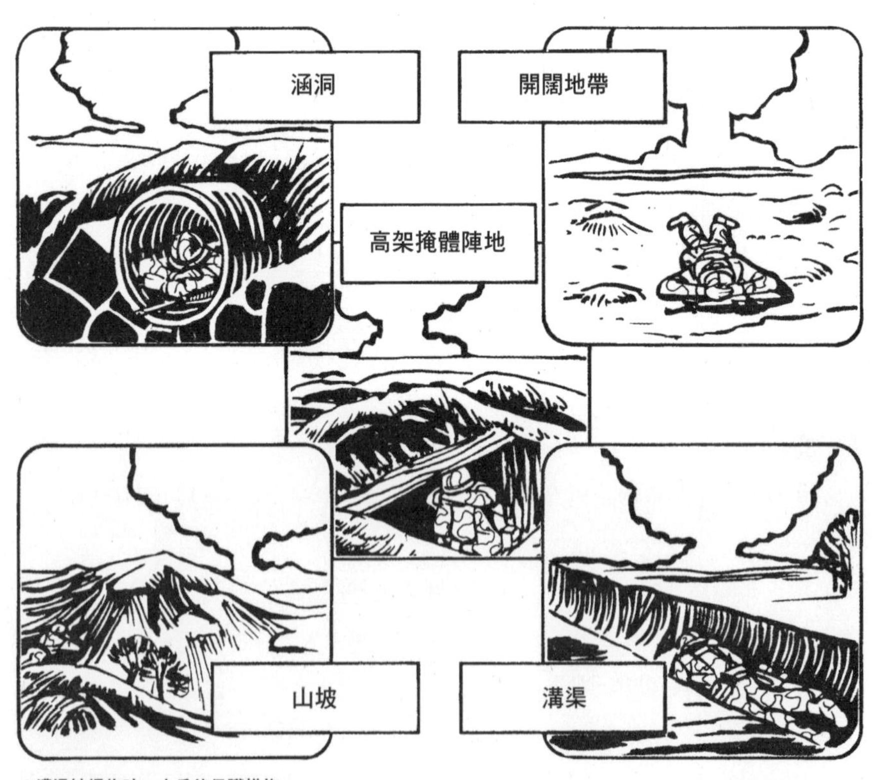

▲遭遇核爆炸時，士兵的保護措施。

如果部隊必須駐留在污染區，那麼指揮官應盡量選擇有高架掩體的地下陣地。即使形勢危急難以修建高架掩體，那麼也應將雨披置於陣地頂端，待輻射塵不再落下，迅速去除身上和武器上的污染物，並洗淨身體和武器。

生化武器

生化武器是利用生物或化學製劑達到殺傷敵人的武器，它包括生物武器和化學武器。

化學、生物試劑

化學試劑可能是氣態、液態或噴霧狀，可以造成人員傷亡和環境污染。有時，為了達到更大的殺傷效果，敵人會將多種試劑混合使用。運載和投射化學試劑的器材很多，包括榴彈炮、迫擊炮、火箭、導彈、飛機和地雷等。

生物試劑多由致病的病菌所組成，可引發非自然的大面積惡性疾病。該試劑可以用小型炸彈、導彈和飛機等器材投擲，也可以通過攜帶病菌的蒼蠅、蚊蟲與跳蚤等昆蟲來傳播。

對武器裝備的影響

生化武器對武器裝備的影響不大，但如果裝備上沾染了液態的生化試劑，應去除後再使用。

對地形的影響

如果某個區域的環境受到生化武器污染，部隊應在清除污染後再進入該區域。

對士兵的影響

生化製劑可以通過士兵的口、眼、鼻及皮膚進入人體，造成人員傷亡。

生化製劑的毒性能持續幾個小時甚至幾天，如果沒有任何防護，一旦接觸，很容易致死或傷殘。

M8自動化學試劑報警器可以檢測到空氣中的神經性、血液性和窒息性等化學藥劑，並發出報警。M43A1只能檢測神經性化學製劑。M8的使用和維護由核生化防護小組負責。

生化製劑的鑒別

因為一些生化製劑無色無味，所以可能無法通過感官發現，但可以借助每個連隊都有的化學製劑報警器和檢測試劑盒來發現。

ABC-M8化學製劑試紙的規格為每本25頁。當試紙變成深綠、黃色或紅色時則說明試劑中有液態V型神經性試劑、G型神經性試劑或水皰試劑。值得注意的

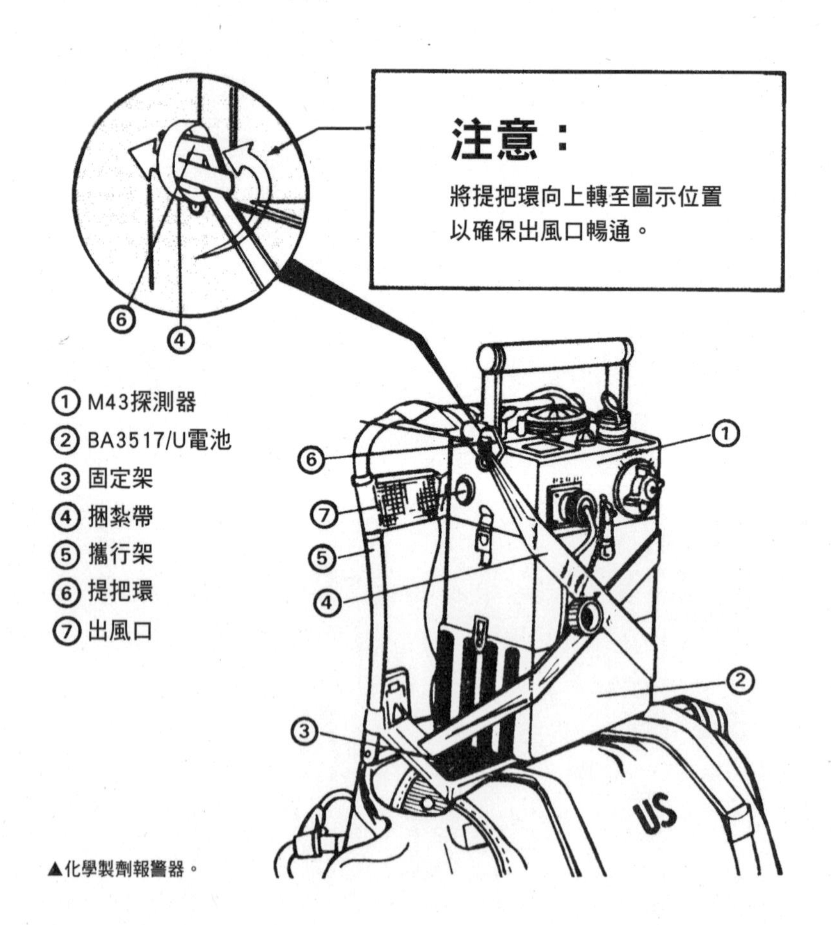

▲化學製劑報警器。

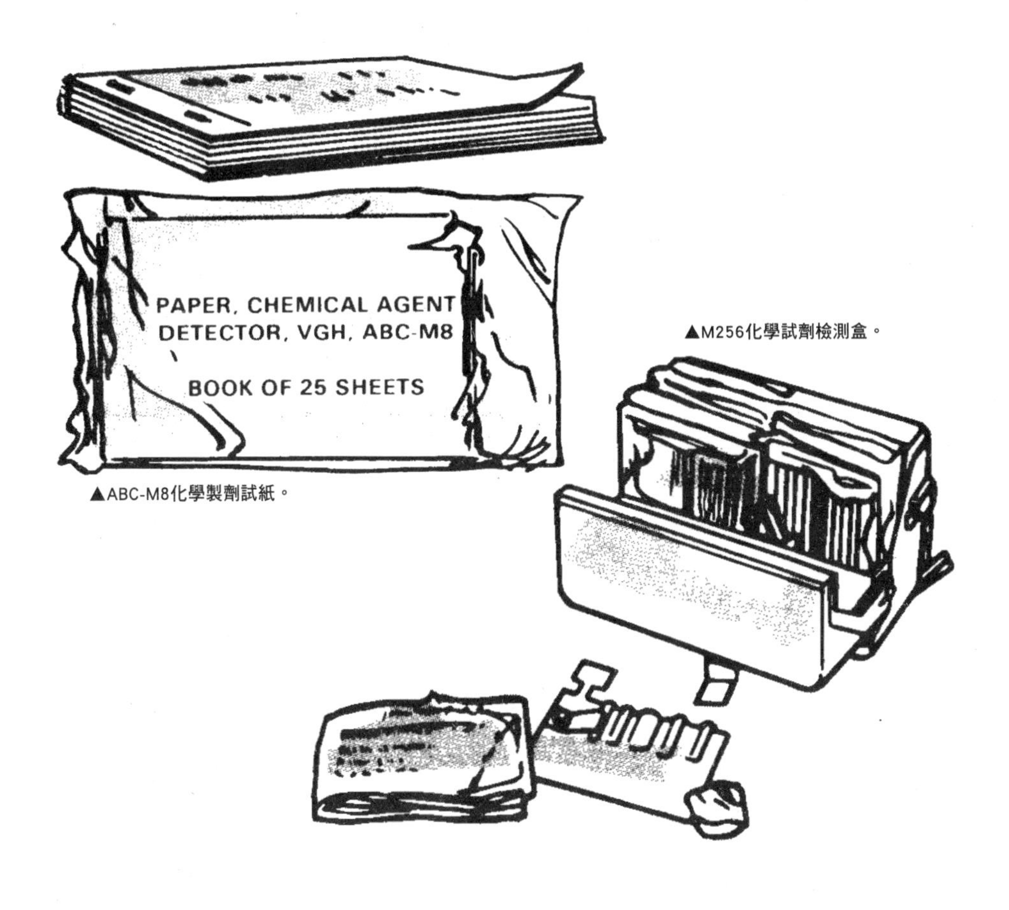

▲ABC-M8化學製劑試紙。

▲M256化學試劑檢測盒。

是，此試紙無法檢測霧狀藥劑，且無法準確檢測有孔的材料，如木頭或橡膠等。此外，很多物質都能引起該試紙變色，所以一旦檢測到能讓試紙出現陽性反應的物質後，還需用其他化學試劑檢測盒做二次確認。

在戰場上，每個小隊都應配備M256檢測試劑盒，用於檢測氣體狀神經性、血液性和水皰性化學藥劑。當連排部隊遭受化學武器攻擊，或存在此可能性時，士兵也應使用該設備進行檢測。

示警：當士兵意識到自己可能已經遭受生化武器襲擊時，應立刻止住呼吸並戴上面具，再以標準程序所規定的動作行動，並及時向戰友示警。

▲生化武器（CB）示警。

抵禦生化武器攻擊

最常用的防護設備是防毒面具，它可以保護士兵免於生化試劑的傷害。另外，全套防護服對液態生化製劑有更強的抵禦能力，其配備含頭套的面罩、防護衣、防護靴和防護手套。

作戰服和手套可以保護士兵不被攜帶病菌的昆蟲，如蚊子和壁蝨所咬傷。為達到防護效果，必須將衣扣扣緊，將褲腿塞進靴子裡，不讓皮膚裸露在外。另外，

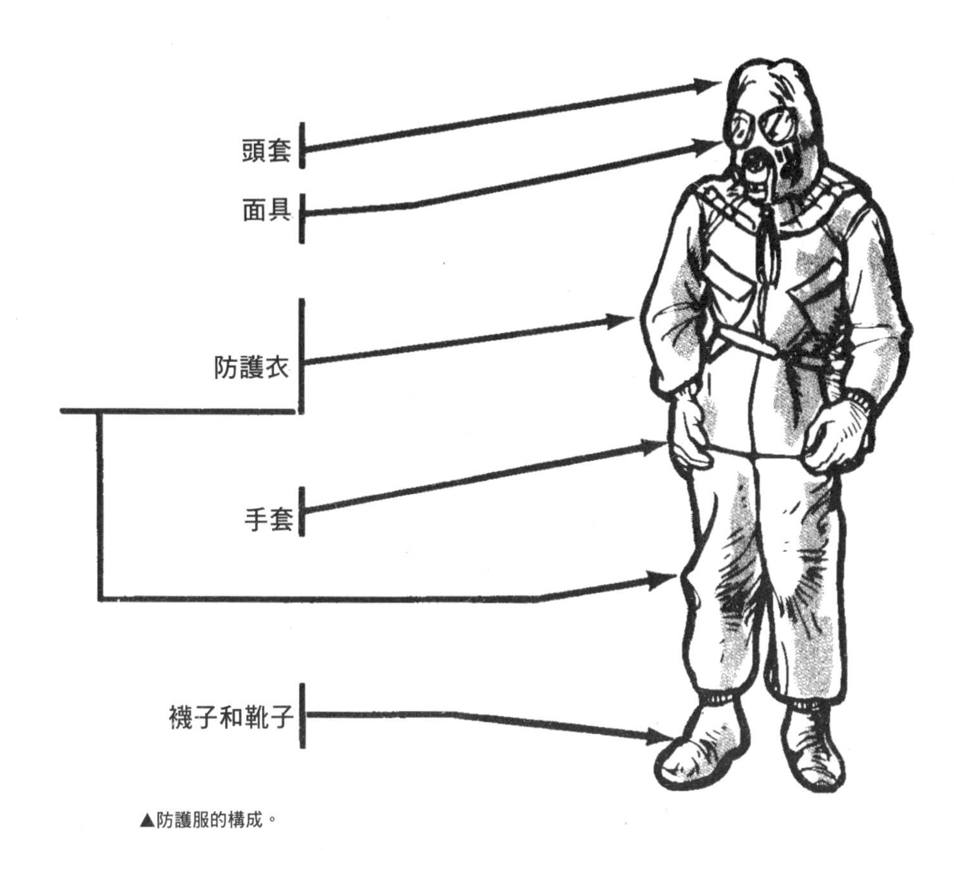

▲防護服的構成。

驅蟲劑和殺蟲劑也可以用來對付攜帶病菌的昆蟲。提高駐地的衛生水平亦能防止蚊蠅滋生。

任務導向式防備狀態（MOPP）是套抵禦化學製劑的靈活體系。根據威脅大小和當地氣溫，指揮官會伺機選擇執行哪一級MOPP（共分4級）。

任務導向式防備狀態的每一級都嚴格規定了士兵該穿著、攜帶什麼樣的裝備，具體要求參考下面的表格：

MOPP	防護裝備			
	防護衣	套靴	面具／頭巾	手套
1級	穿著根據溫度扣緊或解開	攜帶	攜帶	攜帶，視情況穿戴。
2級	同上	穿著	攜帶	
3級	同上	穿著	穿著，頭巾打開或繫好。	
4級	穿著，扣緊。	穿著	穿著	

對於生物武器，最好的局部防範方法就是嚴格執行預防措施，以及提高公共和個人的衛生標準。

當士兵表現出感染化學藥劑的症狀時，相關人員應對其施行急救措施，減緩或維持當前的不良狀態，以利後期施救。

- **神經性毒劑** 引發的症狀為呼吸困難、流涎、噁心嘔吐、抽搐，有時還會造成視力模糊。一旦發現戰友遭受神經性毒劑的傷害，應立即使用阿托注射液和人工呼吸等方法進行急救。在沒有其他戰友救援的情況下，可用注射器在大腿處自行注射，如果症狀在15分鐘後沒有消失，應繼續注射。保持該頻率進行觀察和自救。
- **水皰毒劑** 感染後的症狀為皮膚、眼、鼻有灼燒感。根據製劑的類型可能立刻出現，也可能延後幾小時甚至幾天才出現。如果接觸到皮膚或眼睛，用大量清水沖洗乾淨能在一定程度上減緩傷害。如果在接觸製劑後有灼痛感或出現水皰，應先用消毒紗布或乾淨的布將創面覆蓋住以防止感染，並盡快尋求醫療救助。
- **血液性毒劑** 症狀為噁心、頭昏、頭痛、皮膚或嘴唇呈紅色及粉紅色，嚴重者會抽搐和昏迷。一旦出現以上症狀，救助者應立刻將兩瓶亞硝酸戊基壓碎，放入傷員鼻內。如果在污染區域，傷員帶著防護面具，則將亞硝酸戊基直接導入面具內。如果用藥後症狀沒有消失，繼續剛才的操作，直到傷員恢復正常呼吸，每次的用藥間隔為４或５分鐘。注意！亞硝酸戊基的用量不得超過８瓶。如果傷員依然呼吸困難甚至停止呼吸，則應盡快尋求醫療救助。
- **窒息性毒劑** 症狀為咳嗽、窒息、胸悶、噁心、頭痛和眼睛流淚。如果發現出現以上症狀，應立即躺倒並保持呼吸平和、穩定，同時盡快尋求醫療救助。

如何清除身上或武器上的化學製劑

用M258A1皮膚消毒裝置清除武器、設備表面的化學製劑。此裝置的使用說明印在盒子上，以便使用前閱讀。雖然M258A1皮膚消毒裝置主要是用來清潔皮膚的，但也能用於步槍、面具和手套的清潔。

M258A1消毒裝置的容器是由防水材料製成，其上有個金屬帶鉤，可將容器掛在衣服或裝備上。容器內有三張DECON 1解毒濕巾和三張DECON 2解毒濕巾。其中，DECON 1的小包裝上有拉環，方便夜間取用。

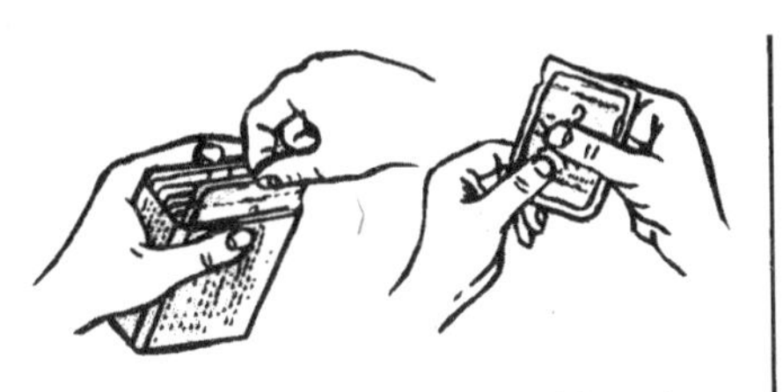

①取出裝有DECON 2的小包，壓碎裡面的藥囊。

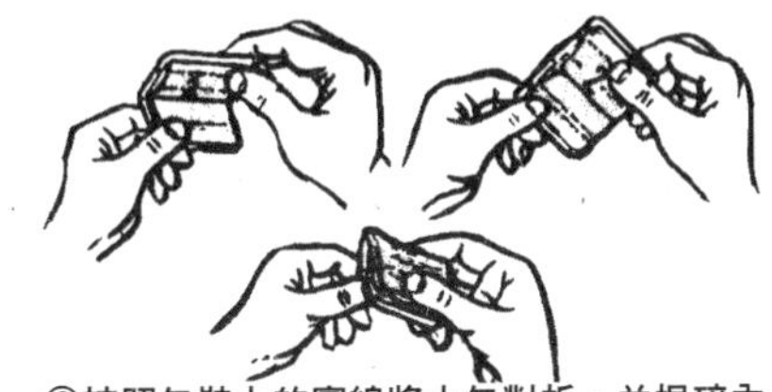

②按照包裝上的實線將小包對折，並捏碎內置的藥物，再展開。

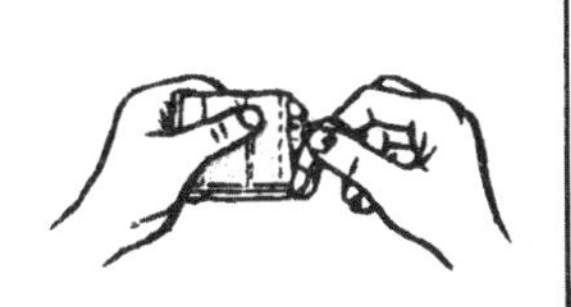

③沿著包裝口的標誌撕開，取出毛巾。

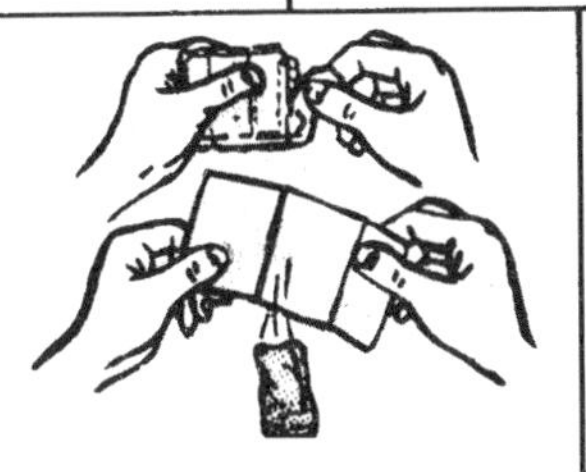

④將毛巾展開，抖落上面的藥囊。

⑤用毛巾擦拭皮膚2～3分鐘。先擦拭雙手，接著才擦拭頸部和耳朵。條件允許下，需將使用過的毛巾和DECON的外包裝掩埋。

▲M258A1中DECON 2的使用說明。

對沾染化學毒劑的設備進行消洗

DS2消毒劑、肥皂水、清潔溶劑或泥漿可以清除附著在武器上的污染物。在消毒後，還應將武器拆卸並清洗上油以防止生鏽。關於彈藥的消毒，應使用DS2消毒劑先清除表面的附著物，再用沾滿汽油的軟布進行擦拭，最後晾乾。

給光學設備消毒時，應使用清潔溶劑清除鏡頭上的污染物，用軟布擦拭其他部位，最後晾乾。

生物毒劑的消洗

當遭受生物毒劑的侵染後，應使用熱水淋浴，並塗上肥皂（最好使用殺菌皂）。過程中，應先將指甲修剪乾淨以防刮傷身體致使毒劑直接進入體內，淋浴時用力擦洗多毛的部位以防止毒劑殘存。如果沒有戰地洗消站（對嚴重染有有毒劑、生物戰劑、放射性物質的人員、服裝、裝備進行全部洗消的場所），可將受污染的衣服用熱肥皂水反複搓洗（棉質衣物最好用蒸煮的方式進行消毒）。

受到污染的車輛可用熱肥皂水進行沖洗，如果條件允許，可用洗滌劑蒸汽進行沖洗。

第6章

戰場情報和反偵察

士兵將收集到的關於敵人、地形和天氣的相關信息進行整理後，就形成了情報。情報不僅能夠幫助指揮官審時度勢，做出正確的判斷，還可能挽救士兵的生命。

關鍵詞：信息來源、報告內容、反偵察方法

士兵在偵察敵情的同時，還要讓敵軍無法獲取我軍的情報（這種行為被稱為反偵察）。一般來說，反偵察包含以下 3 個方面：

- ●阻止敵軍蒐集到關於我軍計劃、目標方位和行動等一切相關信息。
- ●發現敵軍收集情報的企圖。
- ●欺騙敵軍，並掩蓋我軍的真實計劃和意圖。

信息來源

雖然上級指揮官獲得情報的途徑很多，但士兵一定要對自己充滿信心，相信自己能為上級指揮官帶來最有價值的情報。一般來說，戰場情報的主要來源為：

- ●**戰俘** 士兵需要將戰俘帶到指揮官處，並告知自己從戰俘那裡知道的一切信息。
- ●**繳獲的文件** 這些文件可能記錄了非常有價值的情報，士兵需要盡快將它們上交給指揮官。
- ●**敵軍動態** 一般來說，指揮官可以從敵軍的動態來分析他們下一步的行動。因此，如果士兵看到敵軍做出什麼行動，應盡快報告給指揮官。
- ●**當地居民** 在很多情況下，當地居民都能接觸到敵軍，且更瞭解當地的地形和天氣。因此，士兵需要將從當地居民處獲取的消息報告給指揮官。有時候由於無法確認當地居民是敵是友，對於他們提供的消息要持謹慎態度，並嘗試從其他管道去證實這些消息的可靠性。

如何報告

戰場環境下，士兵要快捷、準確、完整地將敵軍的信息報告給上級指揮官，其內容需包括：時間、人物、事件和地點。此外，報告最好採用SALUTE格式——即規模、行動、地點、部隊單位、時間和裝備。為了記住細節，士兵可以寫便條或畫草圖幫助記憶。

SALUTE格式

Size	規模	Activity	行動	Location	地點
Unit	部隊單位	Time	時間	Equipment	裝備

規模 需報告所看到的敵軍數量和車輛數量。如「10名敵軍步兵」，而非「一個敵軍步兵班」；報告「三輛敵軍坦克」而非「一個敵軍坦克排」。

行動 需報告看到的敵軍做了什麼，如「在路上設置地雷」。

地點 需報告在何處看到的敵軍。如果有地圖，應盡量在地圖上標明坐標，如「GL 874461」。若沒有攜帶地圖，則可用一些明顯的標誌物來描述地點，如「Harm路，Ken河橋以南300米」。

部隊單位 報告敵軍的部隊單位。在難以判斷敵軍部隊單位時，可以報告所看到的每一個細節，例如卡車保險槓上的車牌、敵軍部隊的軍裝和頭飾，或者在敵軍軍裝上縫的彩色領章。同時，標誌性的行動和特殊的裝備也能暴露敵軍的軍種。例如，一輛BRDM輪式裝甲車或許可以表明這是一支敵軍巡邏隊。

時間 需報告於何時看到敵軍在執行某個行動（需用當地時間或世界標準時間）。

裝備 需報告看到的敵軍攜帶或使用的裝備。如果無法辨識某個裝備或車輛類型，可畫張草圖交給上級指揮官。

標準的SALUTE格式的報告如下：

FM:1st Plt, C Co, 2d Bn, 1/73 Inf.

T O:S2,2d Bn, 1/73Inf.

發現4輛敵軍坦克在坐標NB613397和241730Z處，沿二號道路向西行進，坦克的行駛速度約為5千米每小時。坦克艙口打開，可以看到敵軍士兵穿著防護服。

戰俘和繳獲的文件

戰俘是敵軍情報的絕佳來源，但士兵在審問戰俘時不能違反相關國際法。應該人道地對待戰俘，不要從身體或精神上傷害他們。此外，戰俘的看管應由在場軍銜最高的士兵負責。如果轉移戰俘需要的時間過長，還應為戰俘提供食物、水以及必要的急救措施，但不能給戰俘香煙或糖果等物品——優待或虐待戰俘都會影響他在審訊時的表現。

管理戰俘

士兵在管理戰俘時，應遵循以下規則：

●**對戰俘進行搜身** 一旦捕獲戰俘，立刻對其進行搜身。應拿走戰俘所攜帶的武器和文件（身分證明文件和防護面具除外），以書面方式記錄從戰俘處取走的相關物品，並注明戰俘的名字或編號。

一般情況下，在對戰俘進行搜身時，需要兩名士兵，一人負責看守，另一人負責搜身（搜身的士兵禁止站在戰俘和看守士兵之間）。搜身時，士兵應要求戰俘靠在大樹或牆上（也可要求戰俘趴在地上或雙膝跪在地上），然後再搜查他們的身體、攜帶的裝備和衣物。

●**隔離戰俘** 將戰俘按照性別分類後，再依軍銜與政治地位等進行更詳細的分組——這是為了防止被俘軍官趁機教唆士兵逃跑或串供。

●**禁止戰俘說話，更不能讓他們互相交談** 這樣做，可有效防止戰俘密謀逃跑或相互提醒與串供。此外，戰俘說的話或做的事，都需向上級彙報。

●**督促戰俘去戰場後方** 並把戰俘交給自己的上級，以便進行審問。

●**保護戰俘安全，不允許虐待他們** 此外，士兵還應該密切注意戰俘是否有逃跑的意圖，不允許戰俘到太遠的地方。

●在押送戰俘前，要先給他們繫上標籤。

▲搜身時，看守的士兵與被搜身的戰俘之間不能有任何阻擋視線的東西。

PW TAG

DATE/TIME OF CAPTURE ....
PLACE OF CAPTURE ....
CAPTURING UNIT ....
CIRCUMSTANCES OF CAPTURE .... (how it happened) ......

▲戰俘標籤。需注明的內容依次為：俘獲時間、俘獲地點、俘獲單位和俘獲情況。

DOCUMENT OR EQUIPMENT TAG

TYPE DOCUMENT/EQUIPMENT ....
DATE/TIME CAPTURED ....
PLACE OF CAPTURE .... (grid coordinates) ....
CAPTURING UNIT ....
CIRCUMSTANCES OF CAPTURE .... (how it happened) ....
PW FROM WHOM TAKEN ....

▲文件裝備標籤。需注明的內容依次為：文件（裝備）類型、繳獲時間、繳獲地點、繳獲單位、繳獲情況，及文件（裝備）的所有人。

管理繳獲的敵軍文件

繳獲的敵軍文件能為我軍提供很多有價值的情報——這些文件包括官方文件和私人文件。官方文件是指地圖、指令、記錄與照片等，而私人文件則是指信件和日記等。

如果對繳獲的敵軍文件處理不當就會導致信息丟失或失去時效性。因此，士兵一旦繳獲敵軍文件時，要馬上將文件交給上級處理。一般來說，貼在繳獲文件上的標籤和貼在繳獲裝備上的是一樣的。

如何反偵察

為了保證敵軍不能獲得我軍行動的情報，士兵必須依照以下規定行事：

- 學習偽裝理論，鍛鍊偽裝技巧。
- 嚴格執行燈火紀律和聲音紀律。
- 注意戰地衛生。
- 正確使用無線通話設備。
- 正確使用口令。
- 不要把私人信件或照片帶入戰場。
- 不要在交戰區寫日記。
- 在討論與軍事有關話題時要謹防敵軍偷聽。

- 遵守通訊聯絡代碼使用規則。
- 檢舉奸細或對敵軍持同情態度的士兵。
- 檢舉想獲取我軍行動情報的人。
- 在即將被俘前銷毀所有地圖和重要文件。
- 不要在公共場合談論軍事行動。
- 只與相關人士談論軍事行動。
- 提醒戰友盡到反偵察義務。

第 7 章

通訊

通訊是指兩方或多方交換信息，包括信息的發送和接收。而通訊的內容則包括：看到的事物、正在執行的任務、任務完成情況、下一個任務的安排請求以及需要的支援等。士兵必須要掌握如何與上級和戰友通訊的技術。

關鍵詞：通訊方式、通訊安全、通訊設備

通訊方式

每種通訊方式都有自身的優點和缺點，本節將對它們做一個全面的講解。

無線電通訊

無線電通訊是一種被廣泛應用的通訊方式。當士兵需要在行進狀態中收取或發出命令時，無線電通訊是一個不錯的選擇。在戰場環境下，每一個作戰班排都配備有用於近距離通訊的手持式或背包式無線電設備。如果要營造遠距離或一對多的通訊環境，則需使用更大尺寸也更複雜的無線電設備。

為了讓無線電設備正常工作，通訊雙方必須具有同樣的頻率，並能發射和接受相同的信號。但目前大部分步兵使用的是調頻（FM）無線電設備，無法與使用調諧（AM）無線電的部隊實現通訊。另外，士兵必須正確安裝無線電上的抗擾裝置才能使其正常工作。

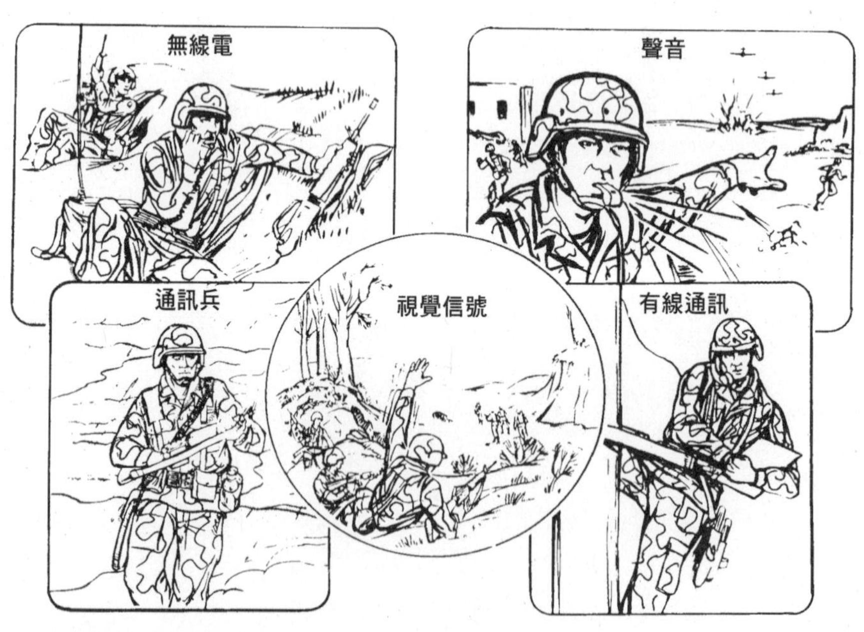

▲戰場常見通訊方式。

影響無線電設備接收範圍的有天氣、地形、天線、電能和設備放置的位置等因素。在一些建築物旁進行通訊也會影響其效果。

當你在電線或發電機附近使用無線電時，常會出現干擾。此外，在其他無線電機台附近或壞天氣，以及敵人的干擾下，通訊質量都會受到影響。

我們可以依靠常識來解決無線電通訊不暢的問題，例如，不要在發電機、電力線、金屬橋梁附近通話；盡量使用較靈敏的天線、處在接收信號較好的位置、使用反干擾技術來減少敵軍的干擾。

無線電設備的保密性非常差。用它進行通訊時，你的聲音信號實際上是在向四周傳播，也就是說，當你與友軍通過無線電通訊時，敵軍可以輕易地截獲你們談話的內容。必須意識到通過無線電通訊，敵軍可能掌握你所在的作戰單位的信息和位置，並由此對你們開火攻擊。每個使用無線電通訊的士兵都必須瞭解一些無線通訊的安全手段，以防止敵軍從中得到情報。

視覺信號通訊

由於無線電通訊很容易被敵軍干擾，因此視覺信號通訊更適用於下達命令和實現控制。視覺信號通訊包括身體語言、煙火、煙幕、手電筒和信號板標誌等。

視覺信號通訊是否順利，依賴於發出信號者和接收信號者是否都知道信號所預設的含義。一般說來，由指揮官為煙火、煙幕和手電筒等信號預設不同的含義，同時，在士兵的標準操作程序（SOP）和電子通信操作說明（CEOI）上也有關於信號對應含義的說明。

信號板標誌是用標準布塊鋪在地面上實現與空中飛機的信息交流。當地面部隊與飛機無法取得無線通信聯繫時，可以使用該方法。在沒有標準的布塊時，也可以使用衣服、樹幹、石頭或雪作為替代物。

信號板碼與身體語言十分相似，也必須先預設定好每個符號的意義。

視覺信號通訊受很多因素的限制，例如，視覺信號可能引起誤解，也可能受限於較差的能見度（如黑夜、茂密的植被）。有時，敵軍也可能截獲視覺信號，並按照同樣的規則發出信號來混淆我軍的判斷。

聲音通訊

與視覺信號一樣，聲音信號也能賦予一系列含義。聲音信號是指用嗓音、哨子、喇叭、武器和其他發音裝置發出聲音，可在短距離內傳遞簡單含義。聲音信號也同樣容易被敵軍攔截和使用，同時，戰場上的喧囂聲會影響聲音信號的傳播。聲音信號最適合用作於警告。一般由當地指揮官為聲音信號賦予含義，同時也可以在士兵的標準操作程序（SOP）和電子通信操作說明（CEOI）上找到關於信號對應含義的說明。要注意的是，聲音和視覺信號都容易引起誤解。

有線電話通訊

有線電話是步兵常用的另一種通訊方式。雖然安裝電話線路耗時較長，但其安全性卻比無線電通訊強。使用有線電話交談時，聲音信號是在電話線裡傳播的，而非無線電那樣在空氣中傳播，因此有線電話的通訊質量更高，更不容易受到地形、天氣和人工障礙物的影響。此外，使用有線電話通訊也可以杜絕敵軍的電子干擾。

由於電話線容易被炮火、空襲破壞，所以必須選在合適的地點架設電話線以防止損壞。同時，還需考慮戰場情況，部隊只是匆匆路過的區域不適合架設電話線。反之，在一個相對固定的區域會有更充裕的時間來架設電話線。

如前所述，無線電容易被敵軍干擾，並可能會暴露我軍的位置，如果敵人確實顯示了這樣的偵察能力，則應該用有線電話取代無線電。但是電話線的鋪設受地形的影響，植被茂盛的地區、山區和沼澤都會加大鋪設的難度。此外，影響電話線鋪設的還有天氣因素（如雨、雪和極端氣溫等）。

通訊兵

與步兵的其他通訊方式不一樣，通訊兵不僅可以運送大型地圖、文件和物體，還能傳達口信和便條。然而，這種通訊方式也有缺點，例如敵軍經常會優先抓捕或攻擊通訊兵。此外，這種通訊方式比無線電和有線電話更花費時間，且信息發出者與接受者無法進行實時交流。

無線電話通信程序

無線電話通信程序是一種使用無線電或有線電話進行通訊的固有程序。通過無線電話通信程序進行交流的速度很快，精確度也較高。以下的規則將有助於更高效、安全地交流。

- 傳達的信息要清楚、完整、準確，如果可能，提前打好草稿。
- 說話時，聲音清楚、緩慢、自然，每一個單詞發音準確。
- 通話要有次序，在對方未說完前勿打斷對方說話，否則容易導致遺漏信息或產生誤解。
- 保證信息安全。

音標字母

為了區分讀音易混淆的字母或數字，軍隊建立了一套更清楚、更容易理解的讀音體系。這一體系可以避免誤解，提高交流的效率。例如字母B經常與D混淆，

單詞發音					
字母	單詞	口語	字母	單詞	口語
A	ALPHA	AL FAH	N	NOVEMBER	NO VEM BER
B	BRAVO	BRAH VOH	O	OSCAR	OSS CAH
C	CHARLIE	CHAR LEE/ SHAR LEE	P	PAPA	PAH PAH
D	DELTA	DELL TAH	Q	QUEBEC	KEH BECK
E	ECHO	ECK OH	R	ROMEO	ROW ME OH
F	FOXTROT	FOKS TROT	S	SIERRA	SEE AIR RAH
G	GOLF	GOLF	T	TANGO	TANG GO
H	HOTEL	HOH TELL	U	UNIFORM	YOU NEE FORM/ OO NEE FORM
I	INDIA	IN DEE AH	V	VICTOR	VIK TAH
J	JULIETT	JEW LEE ETT	W	WHISKEY	WISS KEY
K	KILO	KEY LOH	X	X RAY	ECKS RAY
L	LIMA	LEE MAH	Y	YANKEE	YANG KEY
M	MIKE	MIKE	Z	ZULU	ZOO LOO
注意：讀音的黑體音節需重讀。此外，士兵在交流時如果遇到熟悉的單詞，需讀出該詞的讀音，並在說「I Spell」後，拼讀其組成字母。如果士兵遇到不熟悉的單詞，可以先說「I Spell」，然後再直接將該詞的組成字母逐個讀出來。					

但如果按照音標體系將B和D分部讀作BRAVO和DELTA就可以避免誤解。讀音體系具有以下作用：

● 表達單個字母。

● 表達組成縮略詞的字母。

● 拼讀不常用或不熟悉的單詞。

例如士兵在傳達「MANEUVER」這個單詞時，可以先讀讀音，然後說「I SPELL」，再將組成字母按音標體系讀出即可。如果不能讀出這個單詞也不需勉強，可以在說「I Spell」後直接將該詞的組成字母逐個按音標讀出。

通常情況下，士兵在傳達多位數時，可以一個數字一個數字的按音標讀出。

數字的讀音	
數字	口語
0	ZE-RO
1	WUN
2	TOO
3	TREE
4	FOW-ER
5	FIFE
6	SIX
7	SEV-EN
8	AIT
9	NIN-ER

多位數的讀音	
數字	口語
44	FOW-ER FOW-ER
90	NIN-ER ZE-RO
136	WUN TREE SIX
500	FIFE ZE-RO ZE-RO
1200	WUN TOO ZE-RO ZE-RO
1478	WUN FOW-ER SEV-EN AIT
7000	SEV-EN TOU-SAND
16000	WUN SIX TOU-SAND
812681	AIT WUN TOO SIX AIT WUN

通訊省略語

在通訊中使用一些具有清晰含義的省略語，既可以減少通訊時間，也可以避免混淆。

通訊省略語	含義
ALL AFTER	THE PART OF the message to which I refer is all of that which follows.
ALL BEFORE	The part of the message to which I refer is all of that which precedes.
AUTHENTICATE	The station called is to reply to the challenge which follows.
AUTHENTICATION IS	The transmission authentication of this message is________
BREAK	I hereby indicate the separation of the text from other parts of the message.
CORRECT	You are correct ,or what you have transmitted is correct.
CORRECTION	An error has been made in this transmission. Transmission will continue with the last word correctly transmitted. An error has been made in this transmission(or message indicated). The correct version is that which follows is a corrected version in answer to your request for verification.
FLASH	Flash precedence is reserved for alerts, warnings, or other emergency actions having immediate bearing on national, command, or area security (e.g., presidential use; announcement of an alert; opening of hostilitie; land, air, or sea catastrophles; intelligence reports on matters leading to enemy attack; potential or actual nuclear accident or incident; implementation of services unilateral emergency actions procedures).
FROM	The originator of this massage is indicated by the address designator immediately following.
GROUPS	This message contains the number of groups indicated by the numeral following.
I AUTHENTICATE	The group that follows is the reply to your challenge to authenticate.
IMMEDIATE	Immediate precedence is reserved for vital corn. munications that (1) have an immediate operational effect on tactical operations, (2) directly concern safety or rescue operations, (3) affect the intelligence community operational role (e.g., initial vital reports of damage due to enemy action; land, sea, or air reports that must be completed from vehicles in motion such as operational mission aircraft; intelligence reports on vital actions in progress; natural disaster or widespread damage; emergency weather reports having an immediate bearing on mission in progress; emergency use for circuit restoration; use by tactical command posts for passing immediate operational traffic).
I READ BACK	The following is my response to your instructions to read back.

I SAY AGAIN	I am repeating transmission or part indicated.
I SPELL	I shall spell the next word phonetically.
MESSAGE	A message which requires recording is about to follow. Transmitted immediately after the call. (This proword is not used on nets primarily employed for conveying messages. H is intended for use when messages are passed on tactical or reporting nets.)
MORE TO FOLLOW	Transmitting station has additional traffic for the receiving station.
OUT	This is the end of my transmission to you and no answer is required.
OVER	This is the end of my transmission to you and a Response is necessary. Go ahead: transmit.
PRIORITY	Priority precedence is reserved for calls that require prompt completion for national defense and security, the successful conduct of war, or to safeguard life or property, and do not require higher precedence (e.g., reports of priority land, sea, or air movement; administrative, intelligence, operational or logistic activity calls requiring priority action; calls that would have serious impact on military, administrative,intelligence, operational, or logistic activities if handled as a ROUTINE call). Normally, PRIORITY will be the highest precedence that may be assigned to administrative matters for which speed of handling is of paramount importance.
RADIO CHECK	What is my signal strength and readability. In other words, how do you read (hear) me?
READ BACK	Repeat this entire transmission back to me exactly as received.
RELAY	Transmit this message to all addressees immediately following this proword.
ROGER	I have received your last transmission satisfactorily, and loud and clear.
ROUTINE	Routine precedence is reserved for all official communications that do not require flash, immediate, or priority precedence.
SAY AGAIN	Repeat your last transmission or the part indicated.
SILENCE (Repeated three or more times.)	Cease transmissions on this net immediately. Silence will be maintained until lifted. (When an authentication system is in force, the transmission imposing silence is to be authenticated.).
SILENCE LIFTED	Silence is lifted(When an authentication system is in force, the transmission lifting silence is to be authenticated.).
SPEAK SLOWER	You are transmitting too fast. Slow down.
THIS IS	This transmission is from the station whose designation immediately follows.

TIME	That which immediately follows is the time or date-time group of the message.
TO	The addressees immediately following are addressed for action.
UNKNOWN STATION	The identity of the station with whom I am attempting to communicate is unknown.
WAIT	I must pause for a few seconds.
WAIT-OUT	I must pause longer than a few seconds.
WILCOX	I have received your signal, understand It, and will comply. To be used only by the addressee. As the meaning of ROGER is included in that of WILCO, the two prowords are never used together.

通訊安全

通訊安全可以保證未經授權的士兵不能通過無線電或電話獲取重要信息，通訊安全包含以下方面：

- 啟用身分驗證，以確保其他通訊站仍為友軍所掌握。
- 使用被認可的代碼。
- 規定所有電台的關閉時間。
- 限制無線電發射台的使用，監管無線電接收器。
- 在低發射功率的情況下操作無線電。
- 加強紀律，嚴格執行無線電話程序（所有的電台都必須使用經過授權的統一符號和省略語，且只能用於官方通信）。
- 無線電台需建立在與敵軍所在地有屏障的地方。
- 盡可能使用定向天線。

無線電設備

士兵應該熟悉AN/PRC-77型無線電、AN/PRC-68小型收發兩用機以及用AN/PRT-4作為發射機，AN/PRR-9作接收機的無線電台。AN/PRC-77型無線電的標準通信距離為5千米到8千米，含電池重量約12千克，電池（BA-4368）的續航力為60小時。AN/PRC-68型無線電（小型收發兩用機）的標準通信距離為1千米到3千米，含電池重量約9.9千克，電池續航力為24小時。AN/PRT-4無線電設備可以提供兩個頻道，此設備可以傳達TONE和VOICE，由電池（BA-399）供電，其續航力為35小時。AN/PRR-9無線電設備不能同時接受兩個頻道，該電台可以使用兩種電池進行供電，一種是續航力為14小時的BA-505/U乾電池，另一種是可以持續供電28小時的BA-4504/U鎂電池。

AN/PRC-77型無線電的操作步驟：

① 安裝電池。

② 將電池艙復原並同時鎖好電池門。

③ 選擇天線及底座，並將其收緊。

④ 連接手持話機。

⑤ 選擇頻段。

⑥ 用滾動旋鈕選擇頻道。

⑦ 將功能打開。

⑧ 用聲音控制滾動旋鈕調節聲音。

⑨ 按下受話器的通話按鈕開始說話，鬆開按鈕則是受話。

⑩ 將音量調到滿意程度。

AN/PRC-68型無線電的操作步驟：

① 安裝電池。

② 按照上級指示調節到使用頻道（從0到9）。

③ 連接手持話機。

④ 連接天線。

⑤ 將POWER OFF/ON/SQUELCH推到ON的位置。

⑥ 將POWER OFF/ON/SQUELCH推到SQUELCH的位置。由於此開關由彈簧控制，一旦鬆開會自動回到ON的位置。

⑦ 用聲音控制滾動旋鈕調節接收信號大小。

⑧ 按下受話器的通話按鈕或無線電設備背面開始說話，鬆開按鈕則是受話。

AN/PRR-9無線電設備的操作步驟為：

① 將BA-505/U管狀電池通過電池夾插入接收器的咬合連接器。

② 將接收器固定在頭盔上。

③ 把天線螺絲擰鬆，將天線旋轉至垂直方向後擰緊固定螺絲。

④ 調節接收器。

如果接收器需要噪音抑制，將接收器控制旋鈕由OFF順時針方向旋轉，此時若能接受到聲音，調節至合適的音量即可。再次啟動靜音的操作是：將控制旋鈕轉到OFF，接著再向ON方向回轉一半的距離。

如果不需噪聲抑制，將接收器控制旋鈕由OFF順時針方向旋轉到盡頭，然後再逆時針旋轉到一個合適的音量即可。在信號較弱或地形不利於接收信號時，不要使用噪聲抑制。

⑤ 將AN/PRR-9無線電台用帶子或夾子固定在口袋、皮帶或頭盔上。

AN/PRT-4無線電設備的操作步驟為：

① 打開電池門。

② 將一個BA-399/U電池放進發射器底部的咬合連接器裡。

③ 鎖好電池門。

④ 將折疊天線拉至最長。

⑤ 無線電設備上部的選擇開關被移到CH-1表示頻道1已打開，選擇開關被移到CH-2表示頻道2已打開.

⑥ 調節TONE-VOICE開關。

⑦ 當使用TONE信號時，將TONE-VOICE開關推到TONE，直到結束時，再把開關復原。當需要語音交流時，將TONE-VOICE開關推到VOICE，使用頻道選擇開關上方的麥克風說話。直到談話結束時，再把開關復原。由於AN/PRT-4只允許一種通信方式，所以要根據需求將超負荷彈簧移到VOICE或TONE。

⑧ 將AN/PRT-4繫在口袋、皮帶或吊環上。

電話裝置

在防禦階段，作戰單位通常利用電話或派遣通訊員進行通訊。因此，士兵必須掌握架設電話線，以及安裝和操作電話的技能。

一般來說，士兵可將表線鋪設於地面上，並用繩子將它們鬆鬆的固定以便安裝和維護（表線的鋪設不需要花太多的兵力和時間）。如果條件允許，士兵也可以挖一些淺溝，將表線埋進去避免被彈片破壞。此外，如果要將表線鋪設在空曠地帶，應該隱藏電話線路以防被敵人發現。值得注意的是，士兵一定要在所有表線上貼上標籤，注明該線的連接地點，以備日後檢修。

地面上的高架線一般架設在陣地指揮所、集合場所或一般道路附近。相對於普通線路而言，高架線不易被車輛和天氣損壞。

第8章

急救和個人衛生

在醫護人員到達現場之前，士兵自發對傷員進行照顧和治療稱為急救；為了保護自己和他人的健康而採取的行動則稱為個人衛生。士兵如果知道如何急救和保持個人衛生，不僅能使自己倖存下來，還能挽救戰友的生命。

關鍵詞：救生措施、急救該做與不能做的事、個人衛生在戰場上，每位士兵都會得到一個必須隨身攜帶的急救包。在士兵對戰友實施急救時，應先使用傷者的急救包。如果急救措施採取得當，不僅可以拯救戰友的生命還能讓他盡快恢復健康。

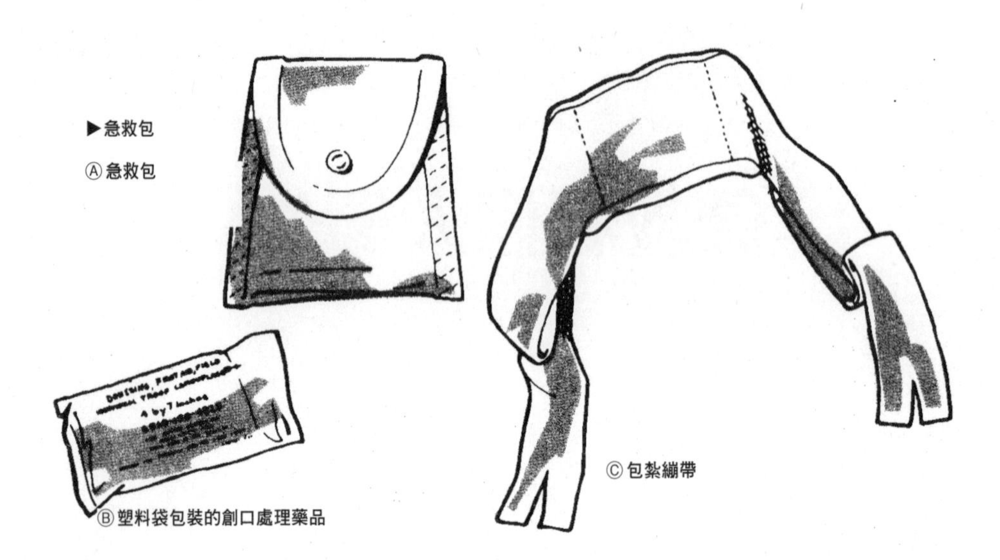

▶急救包

急救措施

受傷時，必須立刻實施自救（如士兵無力自救，那戰友應對其進行急救）。一般來說，需要先實施的急救措施如下：

- 保證自己或傷員的呼吸道暢通。如果傷員已無呼吸或心跳，應立刻嘗試恢復其呼吸或心跳。
- 止血。
- 防止自己或傷員休克。
- 包紮傷口。

在對戰友實施急救時，一定要保證傷員的呼吸道暢通，並檢查其呼吸和心跳的狀況。其中最重要的是檢查傷員的呼吸道──如果傷員無法通過呼吸攝入氧氣，心跳將會停止。因此，在救助傷員時，應先查看其是否還有呼吸──如果傷員的呼吸已經停止，則應採取以下措施以恢復呼吸：

●讓傷員平躺，救助者蹲在傷員頭部一側。

●清理傷員的呼吸道，移開任何會引起堵塞的物體。

●將一隻手墊在傷員的頸下，另一手放在傷員的前額。然後，將墊在頸下的手向上抬舉，放在前額的手向下按壓，以此拉長傷員的頸部，讓可能壓在氣管上的舌頭移開，從而使呼吸道變得暢通。

Ⓐ傷員的呼吸道被舌頭堵住

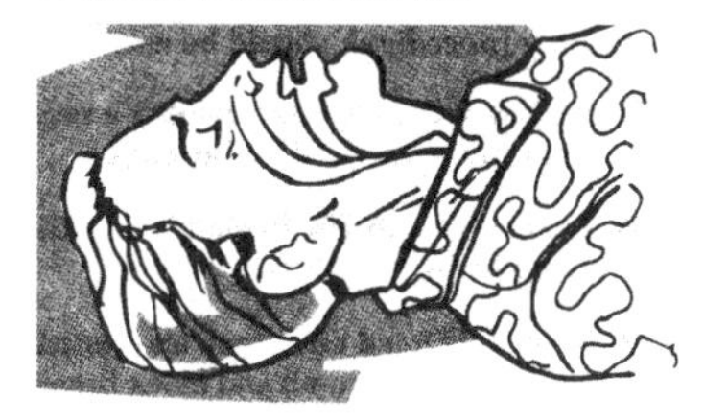

Ⓑ伸展頸部，暢通呼吸道

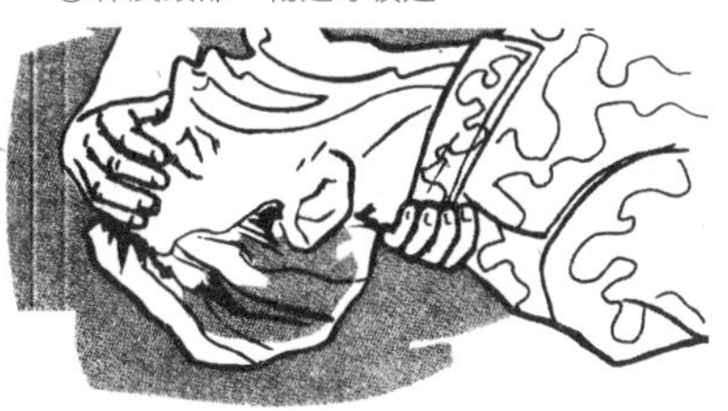

▲暢通呼吸道

檢查呼吸。當傷員的呼吸道暢通後，救助者還應按照以下步驟檢查他是否還有呼吸：

●將耳朵靠近傷員的鼻子和嘴巴進行傾聽（傾聽 5 秒鐘即可）。

●查看傷員的胸腔是否還在起伏。

●通過聆聽與觸摸來感覺傷員的呼吸情況。

▶檢查呼吸
通過看、聽、觸摸等方式檢查呼吸情況

恢復呼吸。如果傷員沒有任何呼吸跡象，立刻實施口對口人工呼吸，遵循以下步驟：

- 將一隻手墊在傷員頸下，使頭部盡量向後仰，保持呼吸道暢通。
- 另一隻手放在傷員前額。
- 用放在傷員前額的手的拇指和食指捏住其鼻子。
- 用放置在頸下的手將下頜托起，使傷員張開嘴。
- 深吸一口氣，然後將自己的嘴壓在傷員嘴上。
- 向傷員口中吹氣，盡量不要漏氣。
- 連續向傷員口中吹入四、五口氣。
- 檢查傷員是否開始自然呼吸。
- 如果傷員還沒有開始自然呼吸，每隔 5 秒重復以上的步驟，直到傷員恢復自然呼吸。

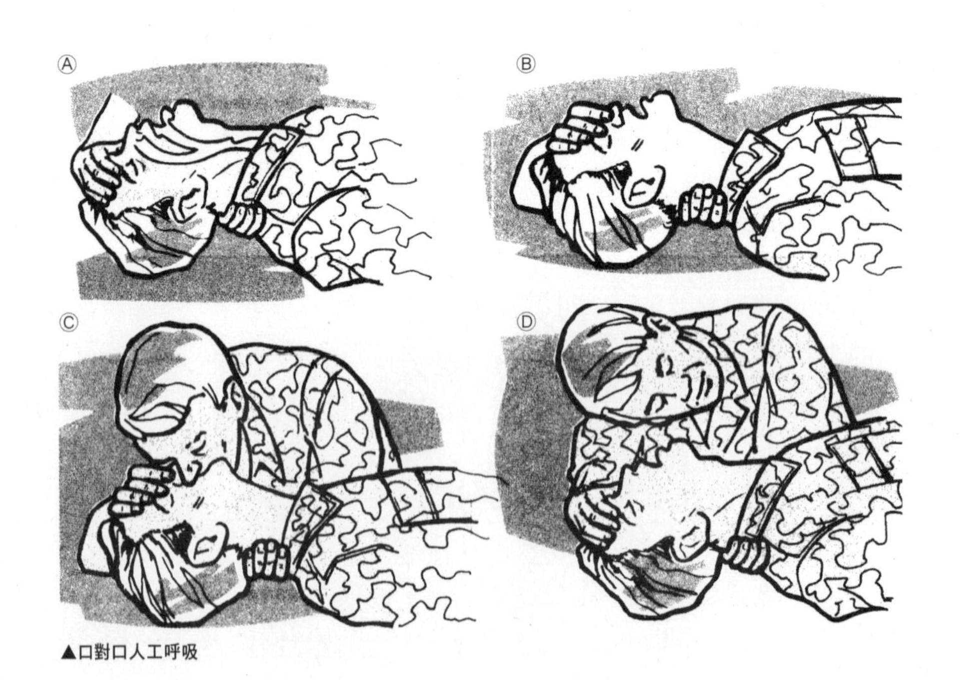

▲口對口人工呼吸

做人工呼吸時，如果無法將空氣吹入傷員口中，應重新調整傷員的頭部位置，並再次嘗試。如果傷員的呼吸道還沒有暢通，可將他調整為側躺姿勢，用手掌根猛擊他肩胛骨之間的位置使異物排出。

檢查心跳。當發現傷員不省人事時，應馬上檢查他是否還有心跳與呼吸。檢查心跳的步驟為：

- 將傷員頭部向後仰。
- 檢查者將手指放在他的喉部。
- 找到傷員的喉結位置，將手指沿著喉結移向喉嚨側面，找到動脈，感覺傷 員是否還有脈搏。

Ⓑ將手指放在頸動脈上感覺脈搏

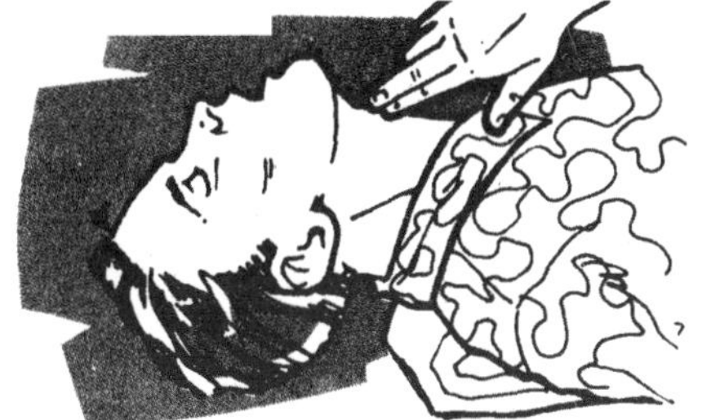

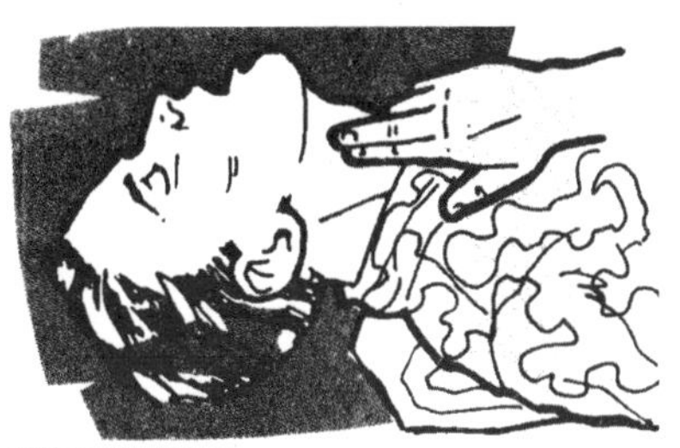

如果傷員沒有脈搏，馬上為他實施心臟按摩。

▲檢查心跳

恢復心跳。如果傷員沒有心跳，應馬上實施心臟按壓。耽擱時間越長，就越容易因為缺氧而造成大腦的永久性損傷。以下是缺氧時間與大腦損傷的關係表。

缺氧時間與大腦損傷關係表	
0～4 分鐘	不會造成損傷
4～6 分鐘	可能會造成損傷
6～10 分鐘	很可能會造成損傷
10 分鐘以上	絕對會造成損傷

心臟按壓主要是通過擠壓心臟區域，迫使心臟內的血液流動，刺激心臟恢復跳動。如果需要同時進行口對口人工呼吸和心臟按壓，需要遵循以下步驟：

●施救人跪在傷員身邊。

●按照前面所講的那樣，施救人在深呼吸後將空氣吹入傷員口中，連續操作 4 次使傷員肺部充滿氣體（為保持傷員呼吸道暢通，要將他的頭部向後仰）。如圖 A 所示，找到傷員的胸椎骨末端，將另一隻手掌根放在胸骨末端上方兩指寬處（如圖 B 示）。

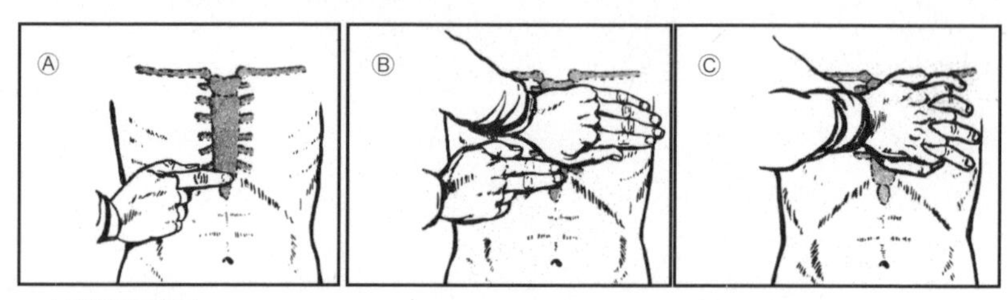

▲心臟按壓示意圖

●兩手重合，十指交叉以每分鐘80次的速度反複按壓心臟。

●將身體向前靠，肘部綳緊，不要彎曲。

●壓迫的輕重以胸骨下陷3.8釐米到 5 釐米為宜，按壓時的動作要迅速，鬆手時要從容緩慢。

▼給肺部充氣並按壓胸部

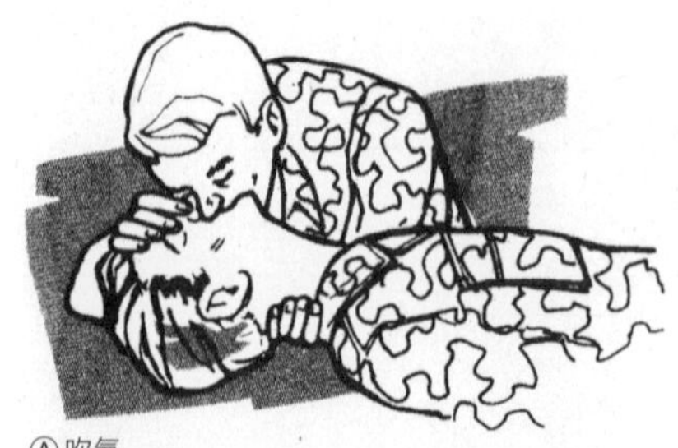
Ⓐ吹氣
對口吹氣兩次，使肺部充滿空氣、胸腔擴張。

Ⓑ按壓
以每分鐘80次的頻率，連續按壓15次，然後再次吹氣兩次，如此交替進行。

●按壓15次後，鬆手，然後做口對口人工呼吸２次，反複進行，直到病人恢復心跳，能自然呼吸為止。

如果現場有兩位士兵，則可以一個人做人工呼吸，另一個人以每分鐘80次的節奏做心臟按壓。但施救程序稍有差異：每做５次心臟按壓後，做２次人工呼吸。

Ⓐ

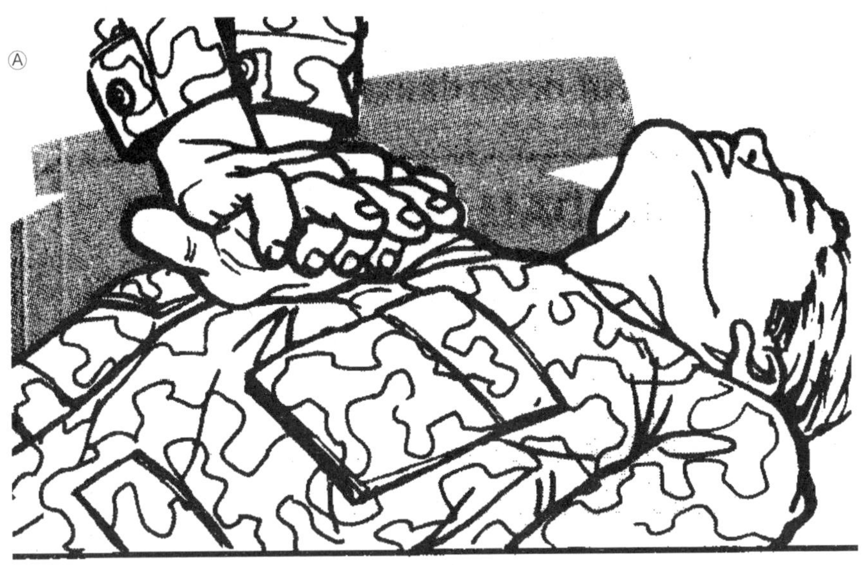

Ⓑ

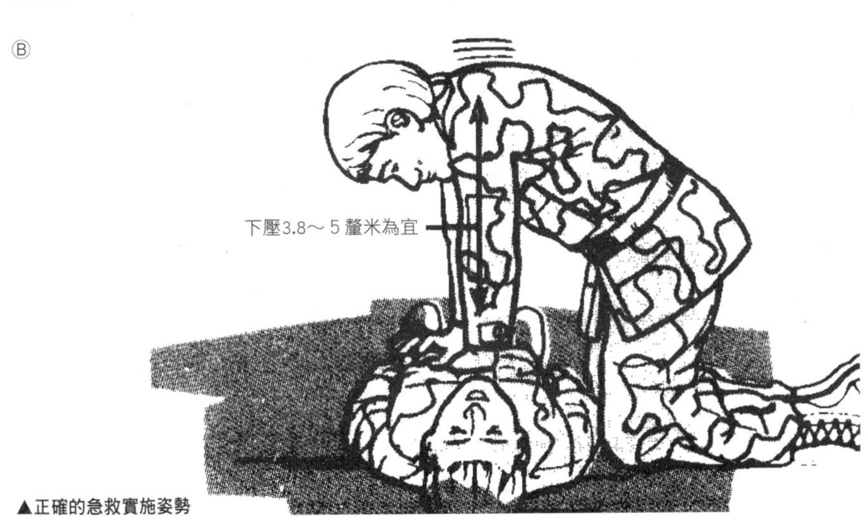

▲正確的急救實施姿勢

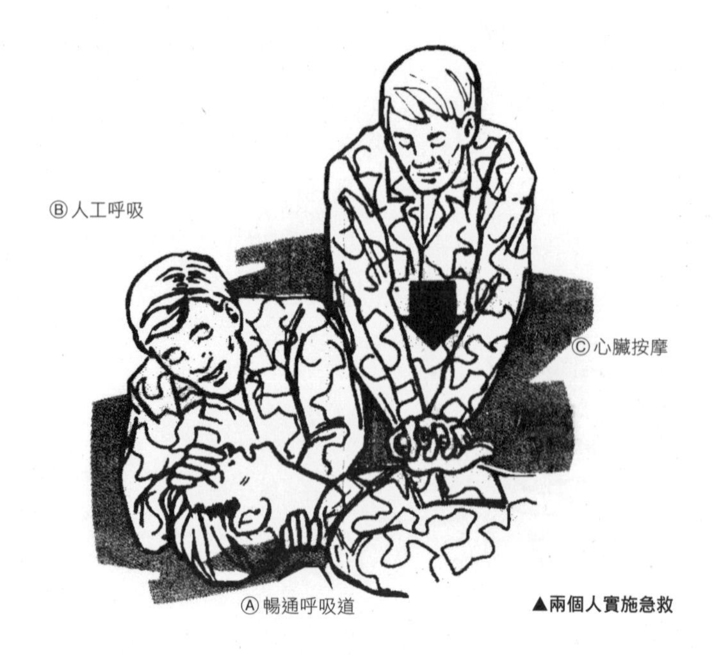

▲兩個人實施急救

止血

在傷員恢復呼吸和心跳後，接下來要做的就是止血。首先，要找到傷口的位置並注意不要遺漏，例如傷員被子彈射中，就不光要找到子彈射入處的傷口，還要查找射出時留下的傷口。通常情況下，子彈射入造成的傷口比子彈射出造成的傷口小。

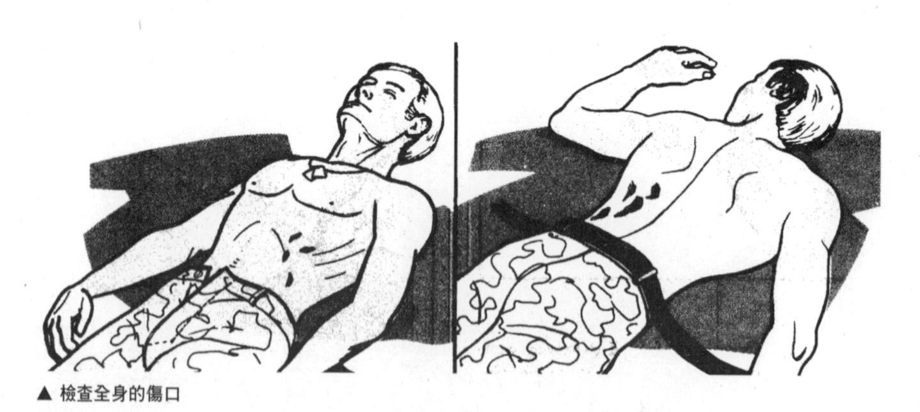
▲ 檢查全身的傷口

在找出所有的傷口後，要做的就是按照以下步驟止血：

●解開或剪開傷口處的衣服，不要碰觸到傷口。

●用戰場急救包裡的藥物覆蓋傷口，過程中一定要注意不要污染藥品和傷口。具體步驟是先將藥品從密封塑料袋中取出，扭動幾下，去除紙質包裝；再用雙手抓緊藥包兩端將其展開（注意不要接觸即將敷在傷口上的那一面）。最後，用藥包裹傷口，包紮後將藥包兩端繫在一起打平結（盡可能將結打在傷口上方）。

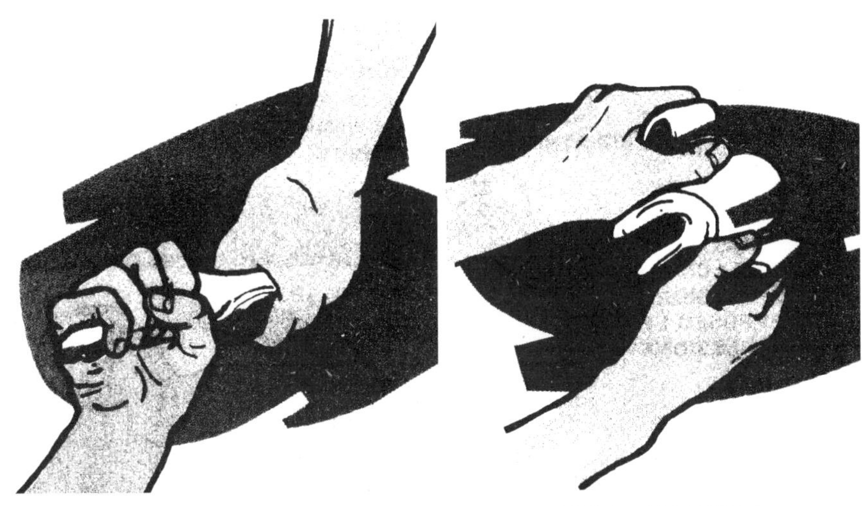

▲ 去除紙質包裝。

▲展開藥包。將紗布覆蓋在傷口上。

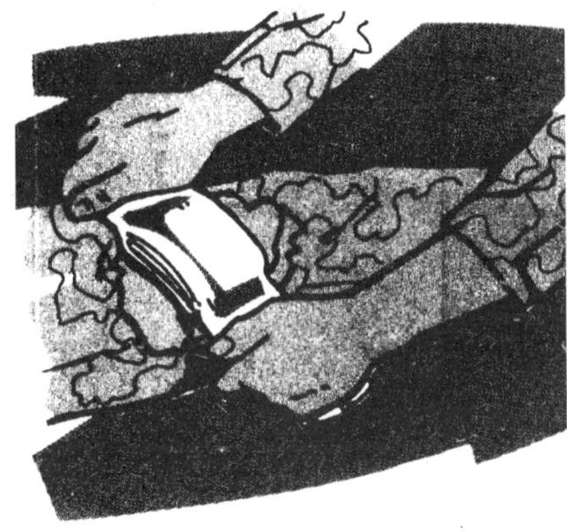

▲將藥包覆蓋於傷口上。

▲打平結。

●包紮好後，如果傷口還繼續流血，則可用手按壓5到10分鐘來幫助止血。

◀按住繃帶

●如果壓力不夠，無法止血，可將一塊厚墊子或石頭壓在傷口的藥包上，並用繃帶紮緊（加壓包紮法）。

◀加壓包紮法

●傷口如果是在四肢，可以抬高受傷的肢體，使其高於心臟的位置（這將有助於減緩血流速度和止血）。但如果四肢有骨折現象，只有在上好夾板的情況下，才能進行上述操作。

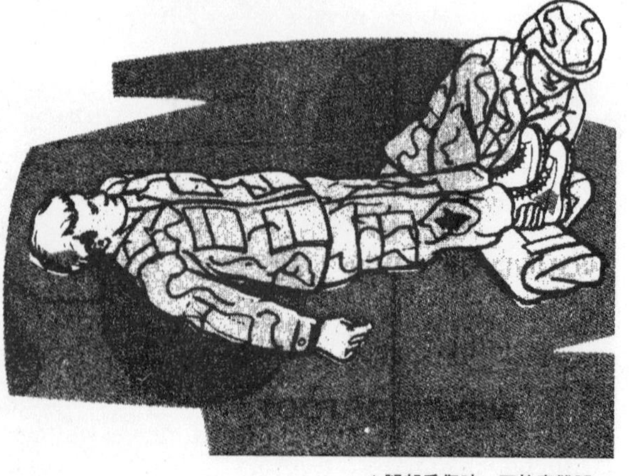
▲腿部受傷時，可抬高雙腿。

●如果受傷後，血液從傷口中噴射而出，則說明傷口處有動脈。這時，可通過按壓傷口附近的大動脈來減緩血流速度。下圖標出了不同傷口對應的按壓位置，即加壓止血點。

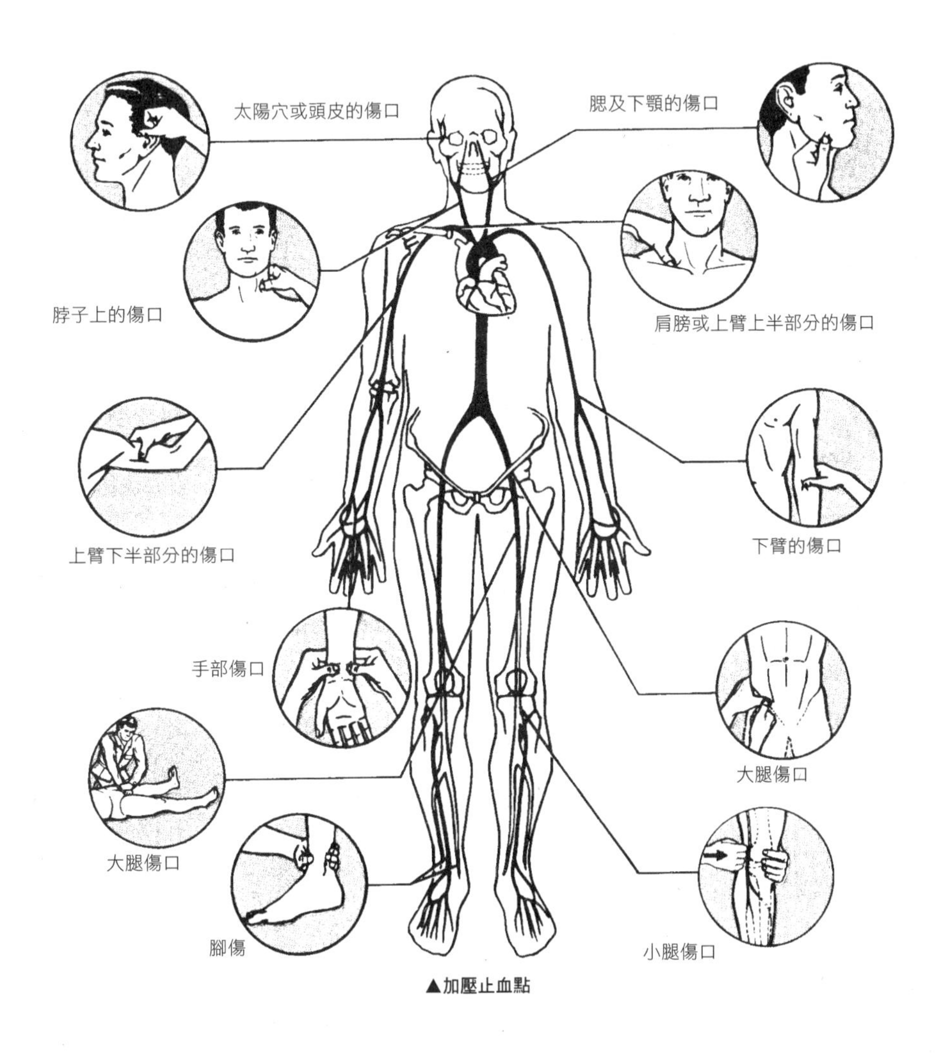

▲加壓止血點

●如果試了前面的所有方法都無法止血，請立刻使用止血帶，這也是戰場環境下唯一的對策了。上止血帶的標準部位為：上肢在上臂的上⅓處（中⅓處易造成橈神經損傷），下肢在大腿的中下⅓的交界處。如創傷較重，為減少組織缺氧範圍，在前臂和小腿，可把止血帶靠近傷口約５到10釐米的位置捆紮。一旦紮好，就不要放鬆或移動止血帶。不過，原則上應盡量縮短使用止血帶的時間（以１小時左右為宜）。當氣候寒冷、肢體溫度低時，使用止血帶的時間可稍微長些，一般可持續４～５小時。需切記的是，長時間使用止血帶可能會導致肢體壞死。

使用止血帶時要有明顯的標誌，並注明紮止血帶的時間（可在傷員前額寫一個「T」），並迅速將傷員送至野戰醫院。

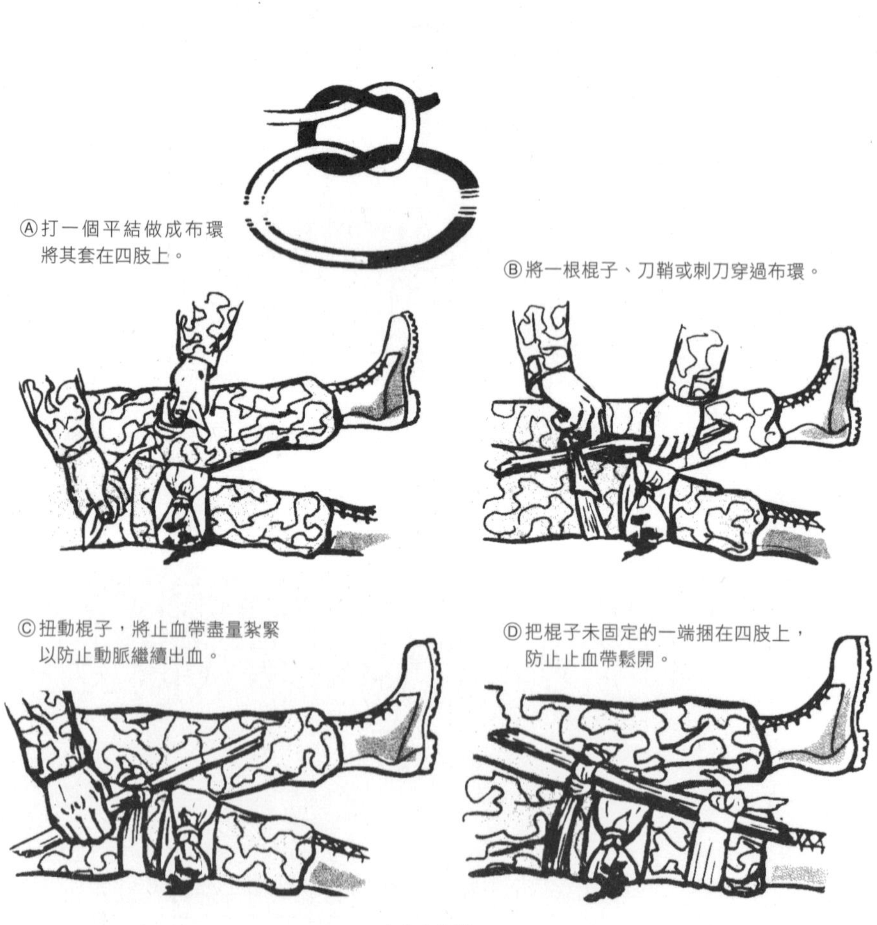

▲上止血帶

防止休克

有的情況下，傷員的傷口雖然不致命，但是如果引起休克，不及時治療的話，傷員就會有生命危險。

休克出現的前兆為：煩躁不安、口渴、皮膚蒼白以及心跳加快。休克時，可能會表現出亢奮或平靜、疲憊的神情。如果傷員的呼吸開始變得微弱、急促、喘息，雙眼變得無神，嘴唇四周也出現淺藍色斑塊，就說明病情開始加重，情況變得十分危急。

在使用人工呼吸和心臟按壓對傷員進行急救後，如果發現還有休克症狀，應立刻採取以下措施：

●解開傷員的衣服，鬆掉腰帶，確保其隨身物品不會阻礙血液循環。

Ⓐ抬高雙腿

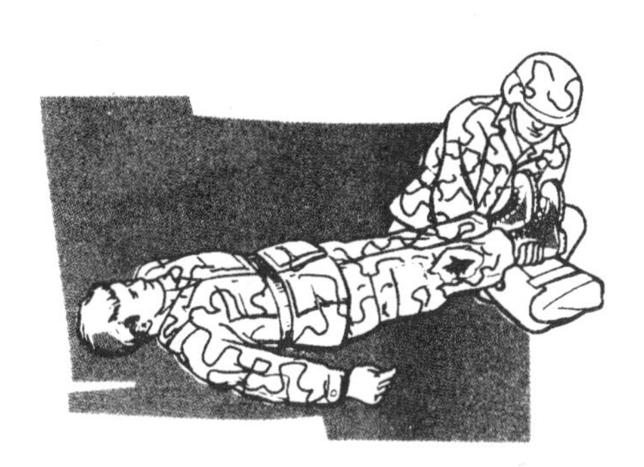

Ⓑ解開衣服

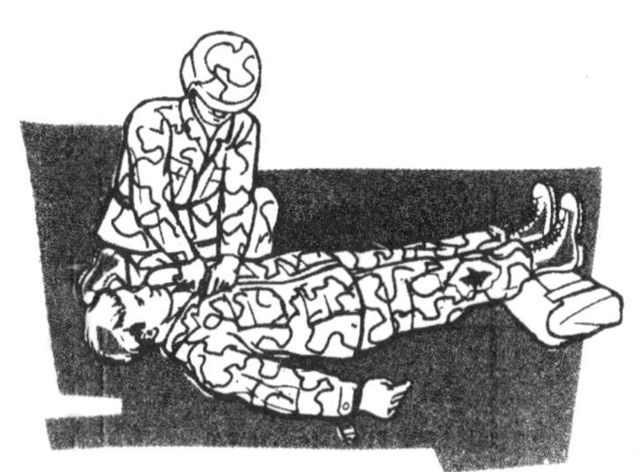

Ⓒ蓋上被子為傷員保暖

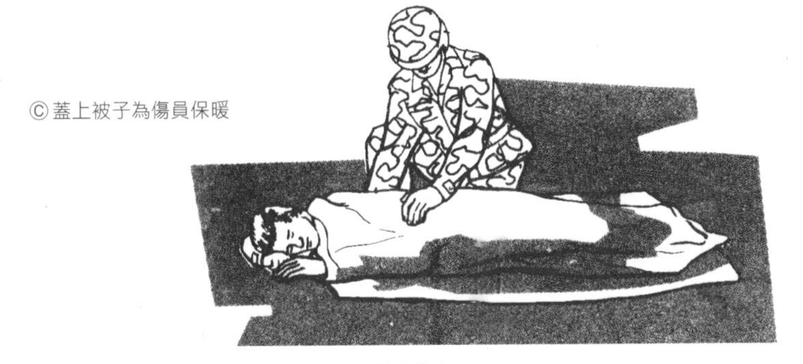

▲防止休克

●穩定傷員情緒，並加以鼓勵，堅定其求生的信念。

●讓傷員躺好。其睡姿由傷員的身體狀況決定。如果傷員意識清醒，使其仰臥，足部墊高約15到20釐米。如果傷員昏迷，令其側躺（若傷員腹部不適或受傷，頭要側向一邊）。如果傷員頭部受傷，要抬高頭部使其高於身體其他部位。如果傷員臉部或頸部受傷，可以保持前面提到昏迷者採用的姿勢，或將其上身扶起，讓傷員身體前傾、頭部下垂。如果傷員胸部受傷，則將上身扶起或向傷口方向側躺。

●注意給傷員保暖，必要時蓋上斗篷或毯子。

包紮傷口

傷口的癒合在很大程度上取決於初期護理的好壞，傷口被污染或感染都會對傷口的癒合造成極大影響。

為了避免傷口被污染，應盡快使用藥包和繃帶進行包紮和止血。先將藥包從戰地急救包裡取出，覆蓋在傷口上。再用繃帶固定藥包位置並包紮。一般來說，急救包裡的藥包都配有用於固定的繃帶。

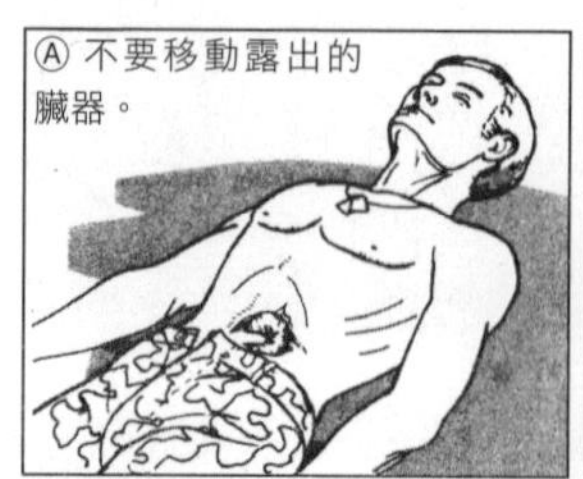

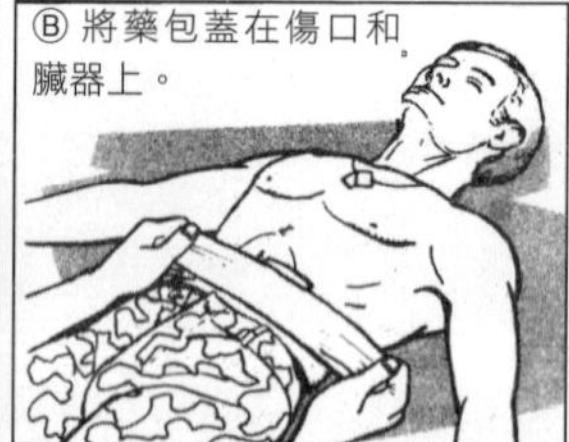

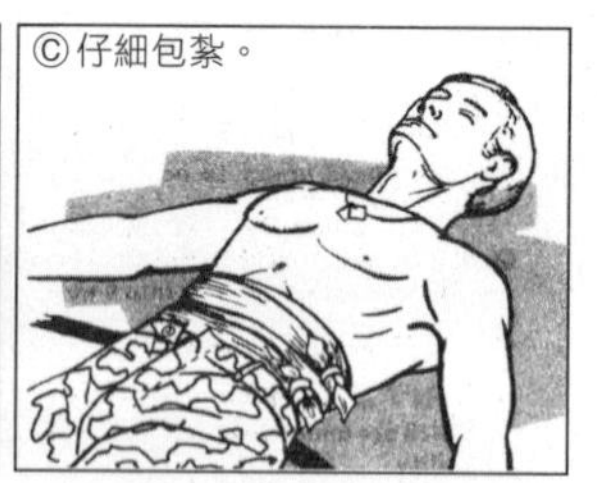

▲ 包紮傷口。

急救時該做與不該做的事

在對傷員進行急救時，請記住以下要點：

●保持冷靜，不要急躁。

●鼓勵傷員，並仔細檢查他的身體狀況。

●在需要時，實施急救。

●傷員昏迷或臉部、頸部受傷時，不要令其仰臥。

●動作輕柔地脫下傷員衣物。

●不要試圖去觸碰或清潔傷口，包括燒傷。

●止血帶一旦上好，就不要解開。

●非特殊情況下不要移動未上夾板的骨折傷員。

●不要給昏迷、噁心嘔吐或頸、腹部受傷的傷員喝水。

●傷員頭部受傷時，將頭部抬高。

●不要將露出的臟器或腦組織放回傷口。

●不要在燒傷部位上藥。

●只有在有能力或有必要時，才實施急救。

個人衛生

在過去，個人衛生被認為等同於個人清潔，但實際上個人衛生所包含的內容遠多於個人清潔。簡單來說，就是個人衛生包括一切保持人類健康的實踐活動。其重要性體現在：

●可以消滅環境中的致病菌。

●可以杜絕致病菌的傳播。

●可以促進士兵的健康。

●可以讓士兵展示良好的精神風貌，鼓舞士氣。

個人清潔

皮膚：經常用肥皂和水從頭到腳清洗身體，尤其注意清洗腋窩、腹股溝、面部、耳朵、雙手和雙腳。如果沒有浴桶或淋浴條件，可用毛巾沾肥皂水擦拭。

毛髮：保持頭髮的清潔，經常理髮。用肥皂和水洗頭，至少一週一次。如果條件允許，經常剃鬚修面，不要與他人共用刮鬍刀和梳子。

雙手：飯前便後，以及處理完污物後必須用水和肥皂洗手，保持指甲清潔乾淨，不留指甲，也不要咬指甲，挖鼻孔及撓癢。

衣服和臥具：如果條件允許，應勤換勤洗衣服和臥具。如果條件有限，無法經常換洗衣服和臥具，可以通過拍打來抖落衣服和臥具上的灰塵，並利用曝曬來達到滅菌的目的。

口腔牙齒護理

經常使用正確的方法清潔口腔和牙齒，可預防齲齒和牙齦疾病。最健康的口腔護理就是在飯後用牙膏與牙刷清潔牙齒。如果條件有限，沒有牙刷，可從樹上折下一根樹枝，把一端的樹皮纖維磨蓬鬆當牙刷使用。如果條件允許，可使用漱口水來清潔口腔，用牙籤和牙線清潔牙縫中的食物殘渣。

◀用小樹枝製成的牙刷。

足部護理

每天清洗雙腳並擦乾，勤換襪子。在條件允許的情況下，塗上足粉以殺菌、減少皮膚摩擦，並吸收汗液。去過潮濕的地方後，要盡快擦乾雙腳，塗上足粉，並換上乾淨的襪子。

◀更換襪子，塗上足粉。

食物和飲料

為了保持身體健康，維持足夠的精力參加戰鬥，士兵的食物必須包含以下營養元素：

- ●蛋白質
- ●脂肪和碳水化合物
- ●礦物質
- ●維生素
- ●水

一般來說，在軍隊派發的口糧中均含有適量的營養物質。因此，士兵應將口糧作為主食。如果條件允許，可將口糧加熱後食用。此外，士兵最好不要攝入過多的糖分，也不要飲用過量的飲料和酒精。士兵應盡量從指定的水源取水飲用，或使用淨水藥片淨化不確定是否乾淨的水。士兵在淨化河水和溪水時，應依照以下程序進行操作：

- ●將水壺裝滿河水或溪水，注意不要將垃圾或其他雜質裝進水壺。
- ●在約0.946升（1夸脫）的清水中放入一顆淨水藥片，如果是濁水或冰水，則應放入兩顆淨水藥片（如果沒有淨水藥片，可以將水煮沸5分鐘）。
- ●將水壺靜置5分鐘。
- ●擰緊水壺蓋，使勁搖晃水壺。
- ●再靜置20分鐘後即可飲用。

鍛鍊

適當的鍛鍊，不僅可以讓士兵保持健美的體型，還有助於改善他們的健康狀況。如果缺乏鍛鍊，就沒有足夠的體力去戰鬥。健康這一概念既包括健康的身體，也包括充沛的精力、出色的應變能力、完成任務的迫切願望以及面臨困難時的自信心。在戰場上，擁有健康是安全和生命的保證。

休息

身體需要通過休息來恢復精力。當士兵感覺疲憊時，反應力也會低於正常值；疲勞還會使身體的抵抗力下降，易受到疾病的侵襲。一般來說，保持6到8小時的熟睡是非常適宜的，但由於戰爭的特殊性，這樣的要求幾乎無法滿足，因此士兵要學會利用碎片化的時間補充睡眠，不要羞於講出自己的疲倦。當然，也要記住，士兵在當班時嚴禁睡覺。

心理健康

思想決定行動。當士兵對任務有十足的信心時，行動就會迅速高效；當士兵對自己的能力持懷疑態度時，則很可能表現得優柔寡斷，甚至做出很多錯誤的決定。因此，士兵必須保持積極的態度，當開始戰鬥時，心中要有堅定的必勝信念。

恐懼是種常見的情緒，既是一種心理狀態，也可能會表現在身體上。只要恐懼還在可控的範圍內，就不必覺得羞恥或擔心。適當的恐懼甚至是有益的，它能夠讓士兵變得謹慎小心，從而更好地完成任務。而且，恐懼也會使瞳孔放大，可在一定程度上讓視野變得更廣，有利於發現更多潛伏的危機。此外，恐懼時心跳和呼吸都會加快，可在一定程度上增加士兵的爆發力。恐懼並不是一個絕對的壞事，但士兵應該學會合理利用自己的恐懼。

憂慮可以摧毀健康，使士兵的反應變慢，降低他們的思考和學習的能力，並使他們感到困惑迷惘，甚至開始胡思亂想。因此，當士兵感到憂慮時，應向上級傾訴。

作為一名戰士，很可能會在世界各地作戰，因此必須要隨時調整自己的心態。當士兵做好了思想準備後，在任何情況下都能進行戰鬥。

避免疾病

一般來說，只要士兵做到了以下幾點，就能在極大程度上避免疾病的發生：

●不要食用或飲用來歷不明的食物和飲料。

●不要隨地大小便。

●不要將手及污染物放進嘴裡。

●在進餐和接觸食物前、處理完污染物後、刷牙漱口前，都要仔細清洗雙手。

●飯後清洗餐具。

●一天至少刷牙漱口一次。

●穿著合適的服裝，噴灑驅蟲劑以避免被昆蟲咬傷。

●避免在不必要的情況下將身體弄濕。

●不要共用個人物品。

●不要隨處丟棄食物殘渣。

●保證充足的睡眠。

●經常鍛鍊身體。

第9章
地雷

無論是在撤退、防禦，還是在進攻中，士兵都可能使用地雷來阻止敵軍的行動。地雷是一種極為廉價且高效的武器，以美軍為例，目前他們常用的地雷有以下幾種：

●M14防步兵地雷

●M16A1防步兵地雷

●M18A1防步兵地雷

●M26破片式防步兵跳雷

●M15防坦克地雷

●M21防坦克地雷

●M24 防坦克地雷

關鍵詞：防步兵地雷、防坦克地雷

防步兵地雷

M14 防步兵地雷

M14防步兵地雷是一種小型塑料雷身的地雷，通常埋於地下幾釐米深的地方，通過踏壓觸發（需要約9～15.8千克的壓力）。M14防步兵地雷的尺寸很小，直徑為5.6釐米，高度為4釐米。M14防步兵地雷在20世紀50年代開發並投入使用，含有約31克的特屈兒（三硝基苯甲硝胺）炸藥，可對近距離的人或物造成損傷。

M14防步兵地雷上有一個保險銷，固定在壓盤周圍。要讓M14防步兵地雷處於激發狀態，首先要去掉保險銷，然後調節壓盤。壓盤上刻著A和S，分別代表啟動和安全位置。只需將箭頭對準A，即可將地雷調到啟動狀態。 一旦M14防步兵地雷進入啟動狀態，只要壓力達到9千克以上，就會將壓盤下的碟形彈簧向下推，當彈簧被推動到一定位置時就會擊發撞針向下撞擊雷管，藉此點燃主裝藥——三硝基苯甲硝胺。

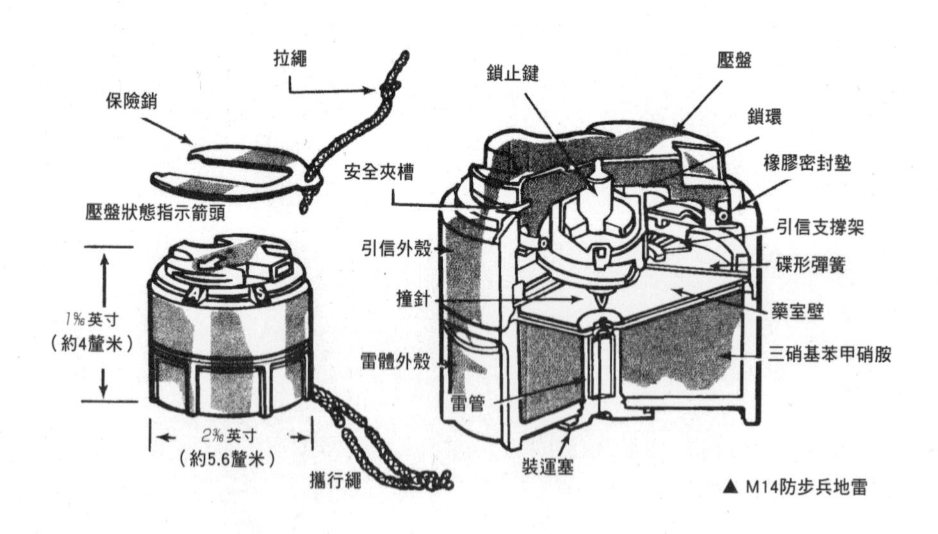

▲ M14防步兵地雷

布設、拆除 M14 防步兵地雷

- 將地雷從包裝盒裡取出（不要使用破損和有裂痕的地雷），用盒子裡的M22引信扳手將地雷底部的白色塑料裝運塞旋開。
- 檢查地雷撞針的位置，如果撞針已經伸入雷管裡面，就不能再使用了。接下來，檢查雷管裡是否有異物，如果發現異物，可輕輕用手掌敲擊地雷外殼使之落出。

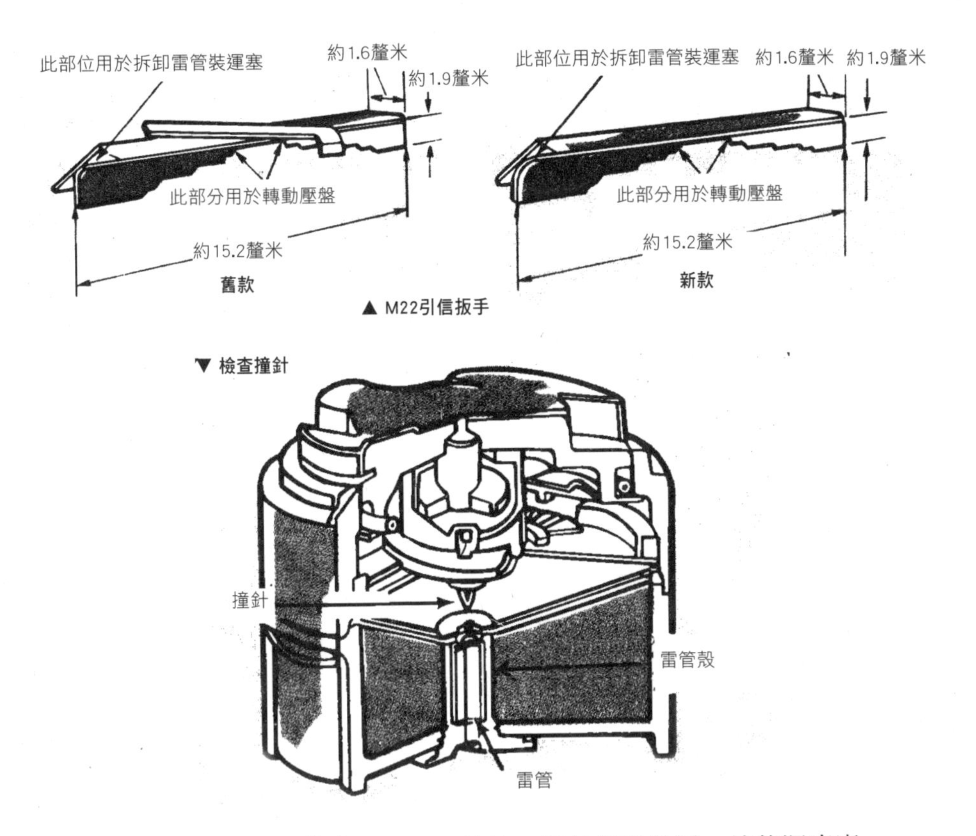

▲ M22引信扳手

▼ 檢查撞針

- 挖一個直徑約10釐米（4英吋）的坑，用於埋設地雷。坑的深度應控制在4釐米（約1.5英吋）左右，這樣地雷的壓盤就會接近地表，從而提高踏壓擊發的成功率。
- 在埋放地雷時需注意坑底是否足夠堅固。如果不夠堅固，為了避免地雷下陷，可填充木板或其他堅硬物體以支撐地雷。

Ⓐ一手緊捏地雷，使地雷的引信和保險銷朝上。另一隻手拉住拉繩，拉繩的一端與保險銷相連。

Ⓑ去掉地雷底部的裝運塞。

Ⓒ抽插幾下保險銷，確認保險銷正常。

Ⓓ將保險銷復位。

Ⓔ將雷管旋入雷管基座。

Ⓕ將地雷埋入坑中，並取下保險銷。埋設時壓盤應略高於地面。用M22扳手將壓盤按順時針方向從S轉至A（啟動位置）。（調節過程若折斷壓盤，地雷主體和保險銷就無法插入，無法再使用這枚地雷了。）

▲布設M14防步兵地雷的步驟

如果要移出地雷或拆除引信，只需按照埋設地雷的步驟進行反向操作即可：

- 檢查地雷附近的區域，若地雷有被破壞的跡象就不要拆除，應立刻向上級報告。
- 將地雷上的土層移開，動作應盡量輕柔。
- 一隻手抓住地雷主體，另一手將保險銷插入地雷。
- 將安全夾放在適當位置，轉動壓盤，使箭頭對準S（安全），以解除啟動狀態。
- 將地雷取出。
- 翻轉地雷，小心地將雷管從雷管基座中取出。
- 把塑料裝運塞旋進雷管基座。
- 將地雷清理乾淨後裝入包裝盒。

M16A1 防步兵地雷

M16A1防步兵地雷是一種帶有金屬外殼的破片式跳雷，主要由地雷引信、將地雷推起的拋射裝藥和金屬外殼中的爆破裝藥構成。M16A1防步兵地雷高19.9釐米，直徑10.3釐米，約含450克的三硝基甲苯(TNT) 炸藥。

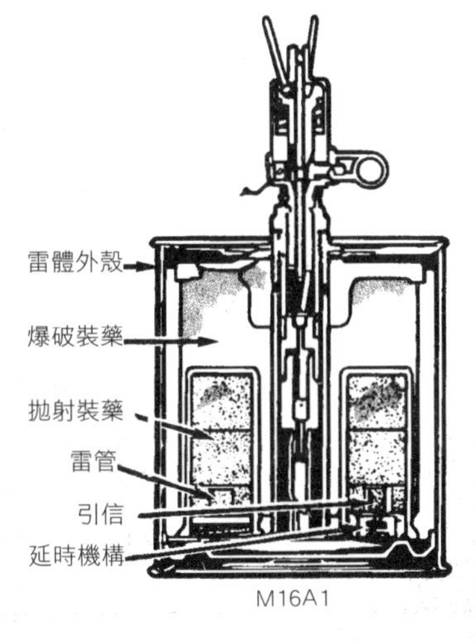

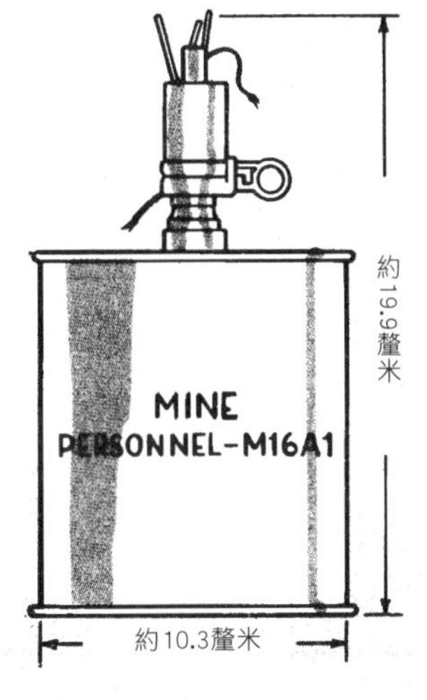

▲ M16A1防步兵地雷

M16A1防步兵地雷可以通過施加壓力或拉動、釋放與銷拉環相連的絆繩來引爆。當地雷上的壓力達到3.6千克或絆繩上的拉力達到1.3千克時，撞擊式雷帽會點燃引信中的延時元件。經過短暫延時後，延時元件會點燃雷管，雷管則會引燃地雷底部的發射裝藥，將雷體拋到0.6～1.2米高，然後引爆。M16A1防步兵地雷的有效殺傷半徑為32米，最大殺傷半徑為137米。

布設 M16A1 防步兵地雷

●將地雷從包裝盒裡取出並仔細檢查，不要使用有破損、裂痕或凹痕的地雷。

●使用M25引信扳手將地雷底部雷管處的白色塑料裝運塞旋開，並保留下來以備日後拆除引信時使用。

●仔細檢查引信和雷管中是否有異物，如果發現異物，可倒轉地雷輕輕敲擊底部使異物移出。

●將地雷放下，從引信盒裡取出引信。

●檢查引信是否有破損、引信上的保險銷是否脫落、是否可以自由運作，以及引信的基座是否墊有橡膠圈。

●用M25引信扳手的開口端旋緊引信接口套管。

●將組裝好的引信用M25引信扳手旋入引信基座。

●挖一個直徑約13釐米，深約15釐米的坑。

●將地雷埋入坑中。

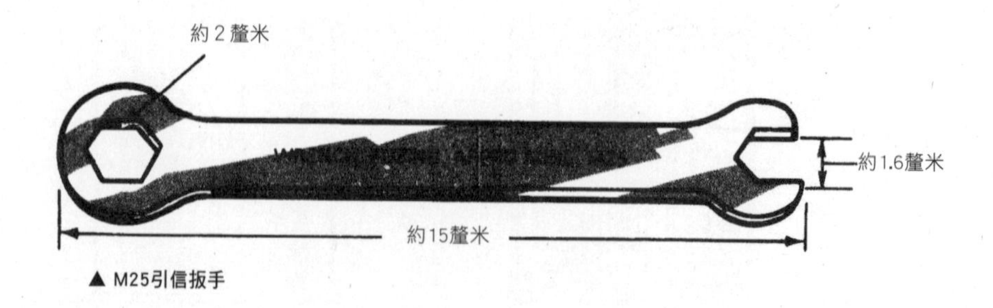

▲ M25引信扳手

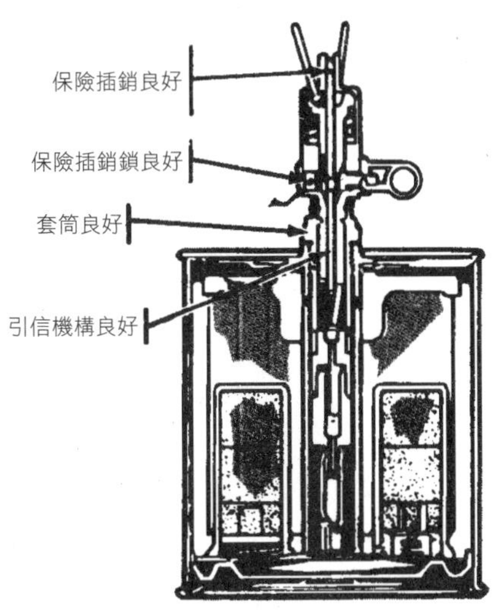

▲ 檢查M16A1地雷

M16A1 數據參數

重量	約3.7千克（8.25磅）
彈殼	鋼
引信	M605（引信組件）

動作壓力

壓力	8～20LBS
拉力	3～10LBS
彈出高度	0.6～1.2米

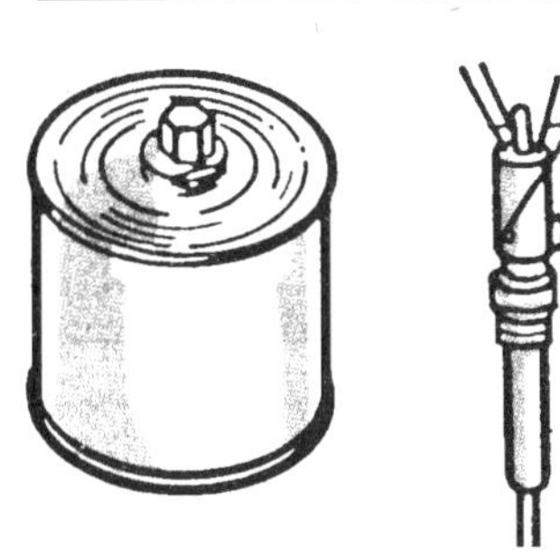

▼ 安裝M16A1防步兵地雷

射發方式的安裝法

Ⓐ去掉裝運塞，裝入引信。

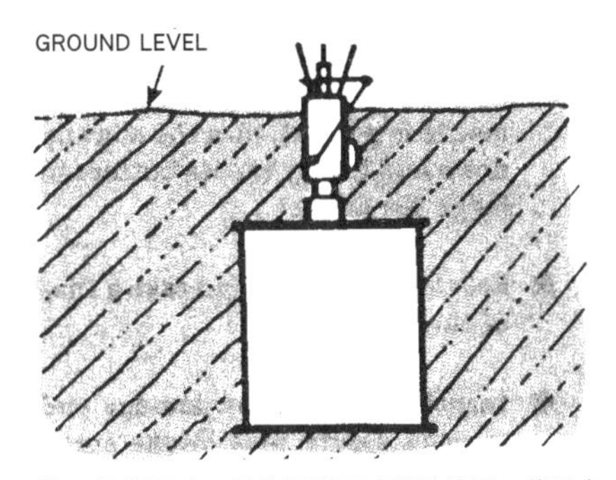

Ⓑ埋設地雷時，引信頂部要略高於地面。將泥土覆蓋於地雷表面，只露出引信頂部，並壓實地雷周圍的土層。取出保險銷鎖並妥善保存以備日後所需。對地雷進行偽裝。最後將保險銷從引信頂部拔除，此時地雷就處於啟動狀態了。

絆繩觸發方式的安裝法

Ⓐ在地雷上覆蓋泥土，露於引信組件的釋放銷和壓力叉。

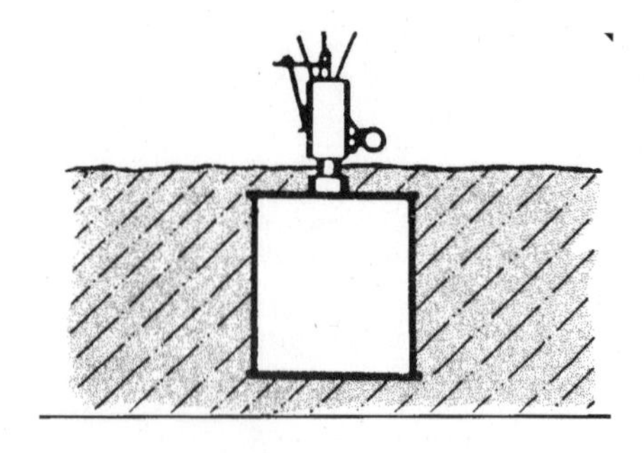

Ⓑ將兩個拉緊樁分別釘入距離地雷約10米（33英吋）的位置。由此，地雷與兩個拉緊樁成一個V字形。把絆繩鬆鬆地套在拉緊樁和釋放銷上，注意不要把繩綳緊，否則在去除保險銷後，釋放銷受到壓力可能會觸發地雷。

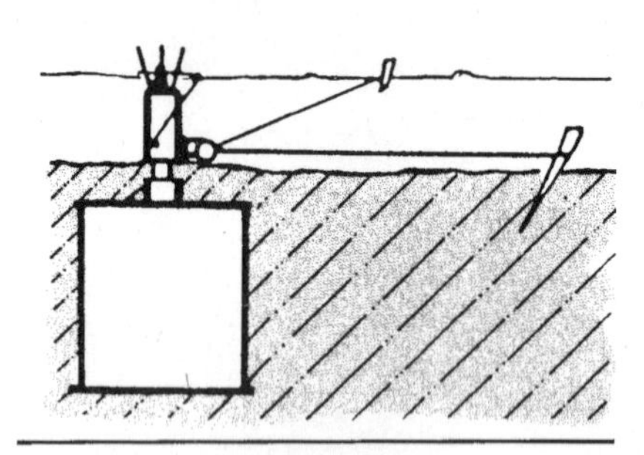

Ⓒ移除保險銷，妥善保存以備日後所需。對地雷進行偽裝。最後將保險銷從引線頂部的點火栓拔除，地雷就處於啟動狀態。

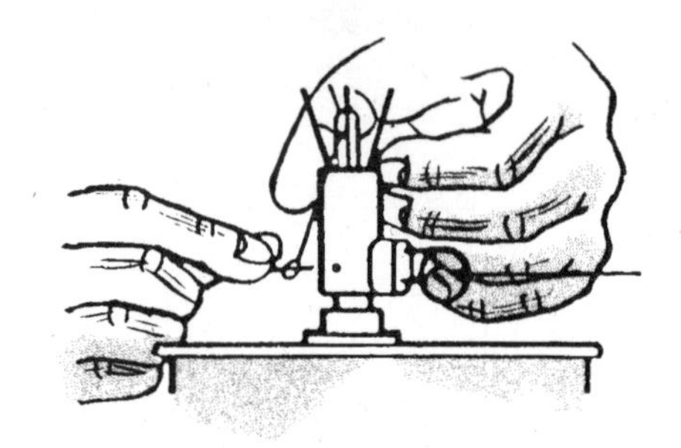

▲安裝M16A1防步兵地雷（接上圖）

若要移除M16A1防步兵地雷或拆除其引信，只需按照埋設地雷的步驟進行反向操作即可：

- 檢查地雷附近的區域，若地雷有被破壞的跡象就不要拆除，並立刻向上級彙報。
- 將地雷上的土層移開，動作盡量輕柔，不要在地雷上施加壓力。
- 將保險銷插入保險銷孔。
- 把保險銷鎖插入釋放銷對面的保險銷鎖孔。
- 如果絆繩與釋放銷相連，應在插好保險銷後，將其全部截斷。
- 移開地雷上的泥土將其取出。

●取下引信組件。

●將塑料裝運塞插進引信基座。

●將地雷和引信清理乾淨後裝入包裝盒。

M18A1 防步兵定向雷

M18A1防步兵定向雷的外觀呈彎曲的長方形，其凸面內裝有約700粒的鋼珠和C-4塑膠炸藥。可用雙脈衝電流起爆，也可設置成拉發或絆發起爆。

一旦起爆，700粒鋼珠和定向雷的破片將會以60° 角的扇形範圍散開，殺傷範圍可達地雷前方50米（鋼珠的最遠射程甚至可達250米，其中包含了100米左右的中度殺傷範圍）。

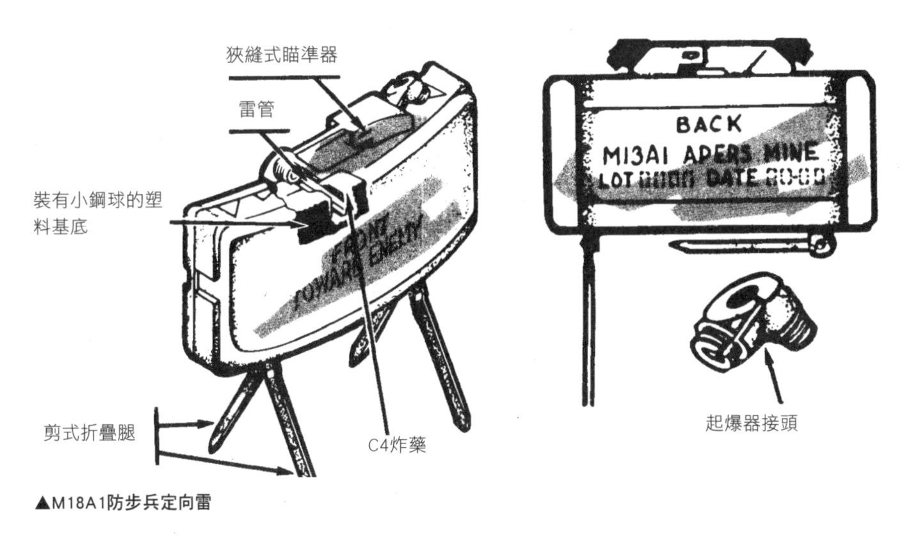

▲M18A1防步兵定向雷

布設 M18A1 防步兵定向雷

●將引爆電線、引爆裝置以及測試裝置從M7攜行包中取出（不用取出地雷）。

●把引爆裝置的保險銷轉到FIRE（戰鬥位置），並快速用力按壓引爆裝置手柄。

M18A1 相關參數

重量	約1.6千克（3.5磅）
主裝藥	約0.7千克（1.5磅）C4炸藥
殺傷威力	700粒鋼珠
配置：每枚配備一個電雷管，約30米的電線及一套電引爆裝置。每六枚地雷配備一個電流測試裝置。	

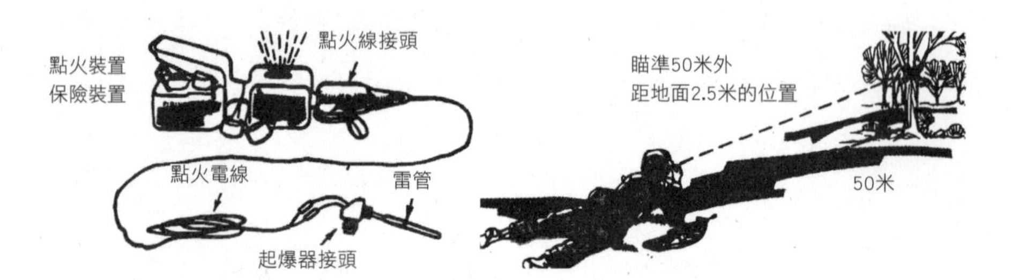

點火測試

將引爆裝置和測試裝置上的塵土清理乾淨，把測試裝置插入點火裝置。

將保險銷移動到點火位置，按壓引爆裝置的手柄，觀察測試裝置上是否有閃爍的燈光，如果有則表示引爆裝置和測試裝置均正常。

狹縫式瞄準器

選擇一個距地雷50米、高於地面2.5米的瞄準點。在地雷後面約15釐米處，用一隻眼瞄準狹縫式瞄準器。

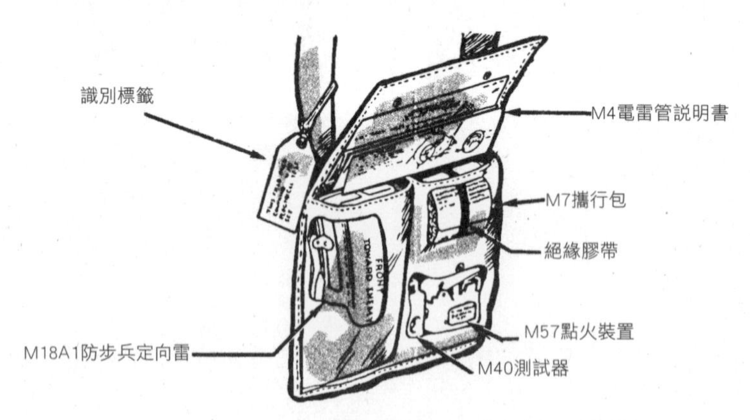

▲M7攜行包內的M18A1防步兵定向雷及配件

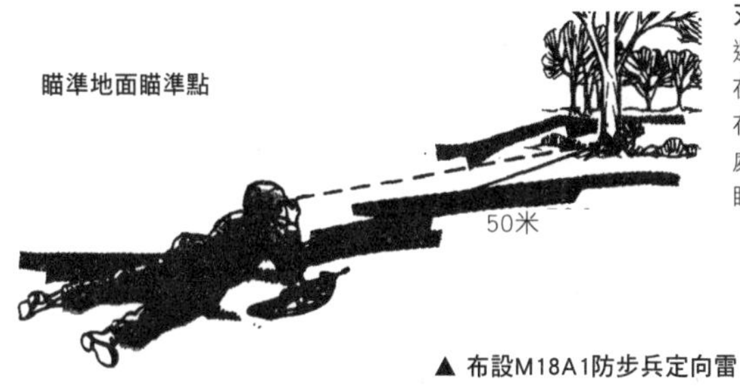

刃口瞄準器

選擇一個距地雷50米、在地面上的瞄準點。

在地雷後約15釐米處，用一隻眼瞄準刃口瞄準器。

▲ 布設M18A1防步兵定向雷

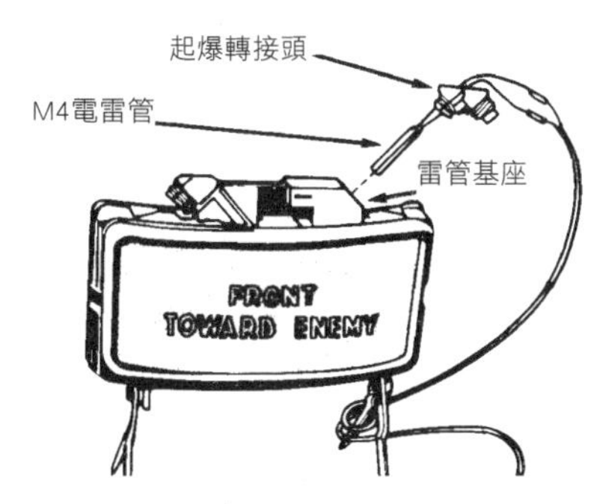

準備引爆

取下裝運塞後妥善保存，以備日後使用。

將點火電線與起爆雷管用起爆接頭連接。

將起爆雷管插入雷管基座。

布設地雷

將點火電線的另一端捆在起爆陣地內某個固定物體上（如樹木）。

在保證安全的前提下，將電線展開，並直接與引爆裝置相連。

將地雷置於地面，將標有「FRONT TOWARD ENEMY」的那面朝向敵人方向，並適當偽裝，注意隱蔽物不能影響定向雷爆破方向上的鋼珠拋射。

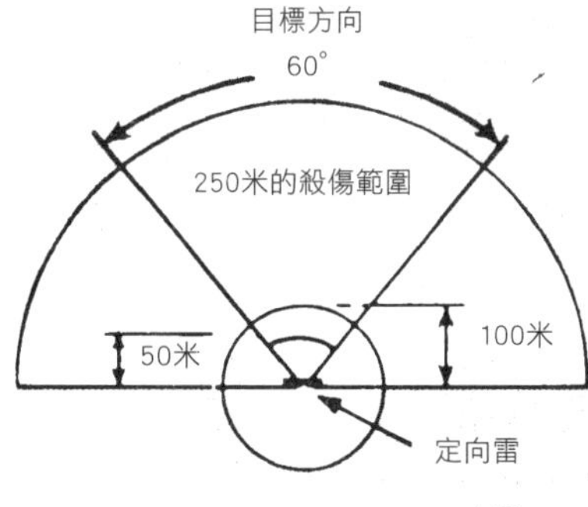

M18A1的殺傷區域

M18A1定向雷能在地雷後方及側面約16米的範圍內形成一定的衝擊波，所以不要站在此區域。除此之外，地雷兩邊及後方100米內的區域也有一定的危險度，如果不得不在此區域內，必須躲避在掩體後。

▲布設M18A1防步兵定向雷（接上圖）

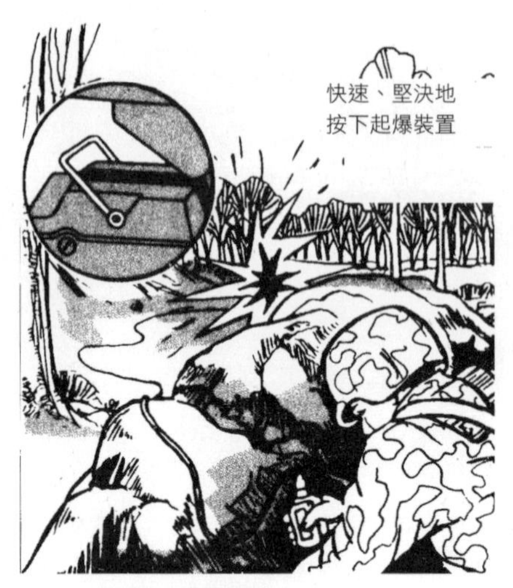

▲引爆M18A1防步兵定向雷

▼引爆裝置的保險銷

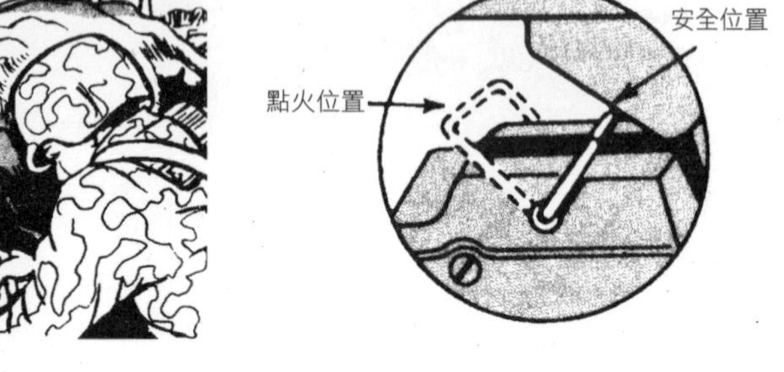

如果要移除M18A1防步兵定向雷並拆除其引信，只需按照埋設地雷的步驟進行反向操作即可：

- 確保引爆裝置的保險銷已經推到SAFE（安全位置）。
- 將引爆裝置上的電線拆下，並將塵土蓋重新蓋在引爆裝置上。
- 從起爆接頭上取下起爆雷管，重新將裝運塞插入雷管基座。
- 取下雷管上的電線並卷好，把起爆雷管放回紙盒。
- 將M18A1防步兵定向雷放回攜行包。
- 收回起爆陣地上鋪設的電線，並放回攜行包。

布設帶絆繩的M18A1防步兵定向雷：

- 選取目標殺傷區、放置地雷，並檢查能否瞄準。
- 準備一個固定樁①，將其固定在地雷後面約1米的位置。在固定樁①繫上電線，電線不要繃緊，可多留1.5米左右（此時嚴禁將起爆雷管插入地雷）。
- 展開20米長的電線，使其延伸至地雷的左前方或右前方，並在此位置固定好固定樁②。

●將一個夾子固定在固定樁②上，使夾子的閉合端指向目標殺傷區（可以用線或釘子來固定夾子）。

●穿過殺傷區，固定固定樁③的位置。

●把絆繩的一端固定在固定樁③上，另一端展開至固定樁②。

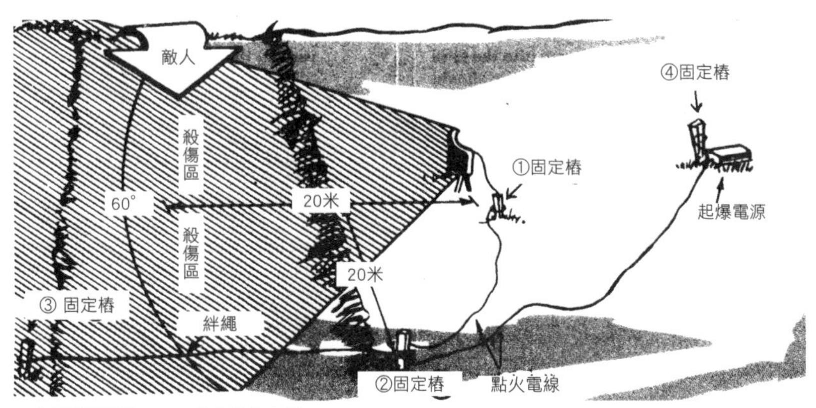

▲布設帶絆繩的M18A1防步兵定向雷

●在絆繩的另一端繫上塑料勺子或其他絕緣物體。

●在連接電線與固定樁②上的夾子時，要先將電線分成兩股，分別繞成環形。

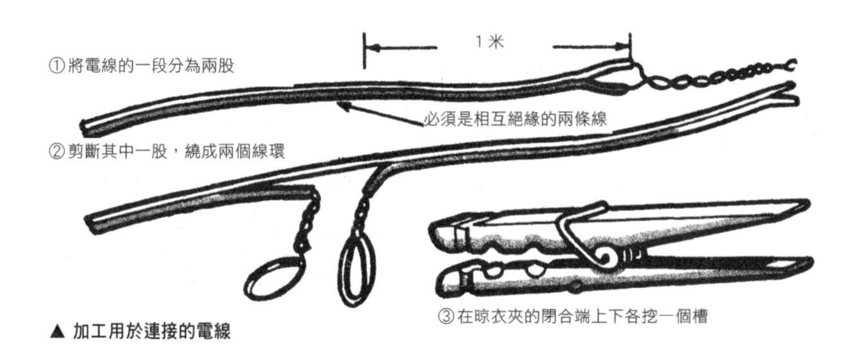

▲ 加工用於連接的電線

●把線環套在夾子閉合端口的槽裡，並收緊線環。

●將連接絆繩的塑料勺子柄插入夾子閉合端。安裝時，絆繩的離地高度應控制在腳踝附近，且不能拉得太緊。

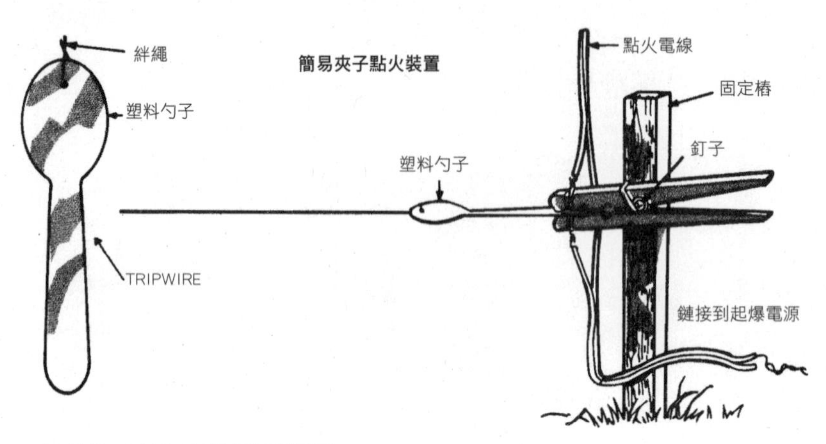

▲由絆繩、勺子和夾子構成的觸發裝置

●將電線伸展至地雷後方，並釘入固定樁④。

●將電線的一端繫在固定樁④上。

●將起爆雷管插入雷管基座，旋緊起爆接頭，並再次通過瞄準器檢查定向雷的擺放位置是否合適。

●準備將固定樁④上的電線繫在電源上。

●將電線端頭上的絕緣材料剪掉2.5釐米左右。

●接上電源（電源既可以是BA206或MA4386電池組，也可以是任何能提供至少2V的電源），設置完成。

如果要移除帶絆繩的M18A1防步兵定向雷及拆除其引信，只需按照埋設地雷的步驟進行反向操作即可：

●將電源上的電線拆除。

●移除地雷裡的起爆雷管，並妥善保存。

●取出地雷，放入攜行包。

●將電線捲起，將其他工具也一並收好。

●將所有配件放入攜行包內。

M26 破片式防步兵跳雷

M26是一種小型破片式防步兵跳雷，雷體呈圓柱形，由拋射筒、雷體、炸藥和拋射藥等部分組成，能以壓力觸發也能以絆繩觸發，動作壓力為13千克。M26破片式防步兵跳雷的拋射筒由鋁材衝壓而成。

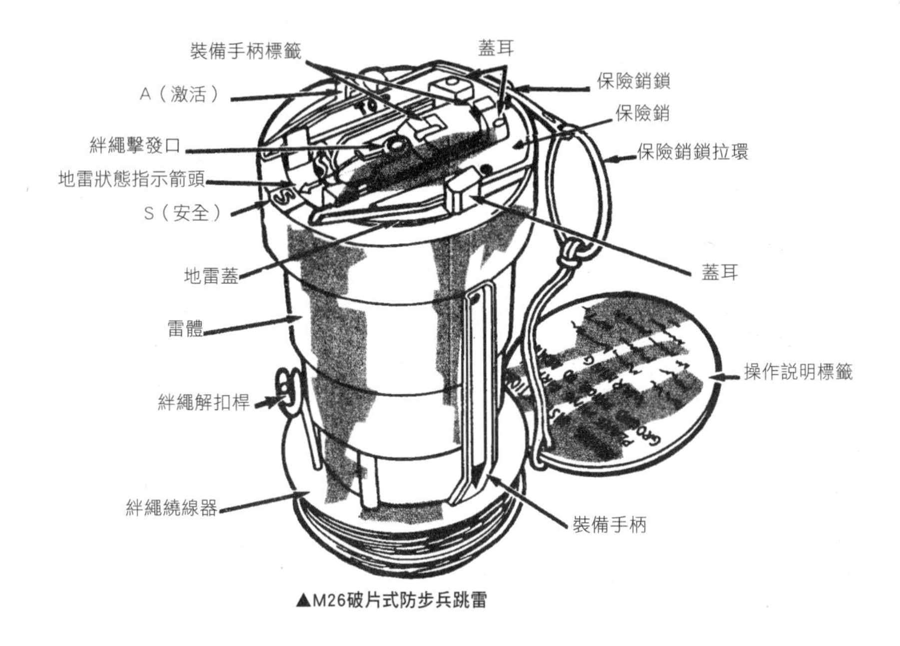

▲M26破片式防步兵跳雷

布設 M26 破片式防步兵跳雷

●挖一個深約13釐米、直徑夠寬的坑，用以放置地雷。注意：不必取下連接在地雷上的絆繩繞線器，它有助於將地雷固定在坑裡。

●向上拔掉絆繩繞線器邊的裝備手柄。

●將保險銷鎖連接的拉環理順。

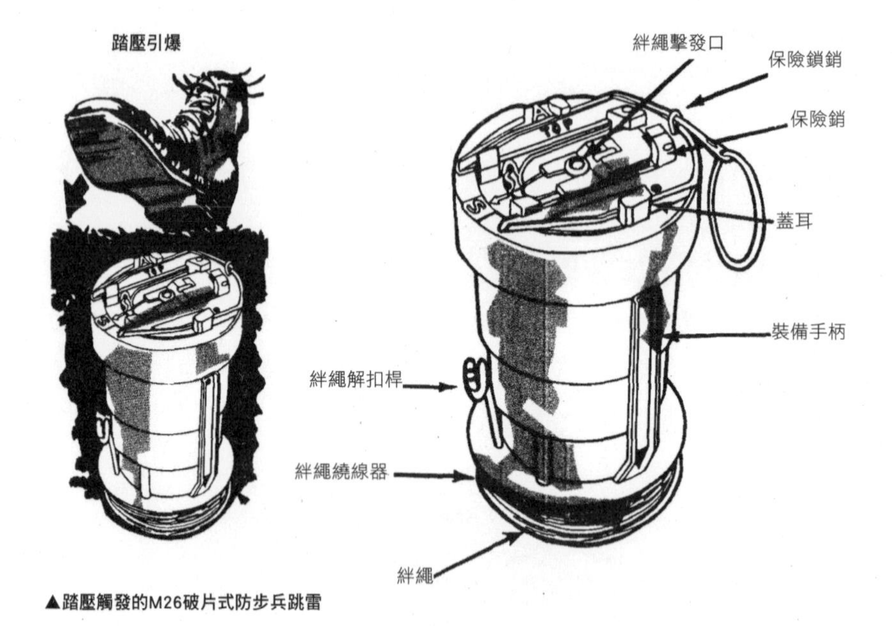

▲踏壓觸發的M26破片式防步兵跳雷

- 將地雷放進坑中。覆蓋泥土時，要使蓋耳稍微露出地面。
- 拉動保險銷鎖的拉環，將保險銷鎖移除。
- 將裝備手柄繫在保險銷上。
- 用手緊緊抓住地雷，另一隻手將地雷蓋朝順時針方向轉至無法再轉動（約¼圈）的位置。
- 此時地雷蓋上的指針應該是指向A。
- 對地雷坑進行偽裝。
- 垂直向上拉出裝備手柄（同時也從地雷上移除了保險銷）。妥善保存這兩個配件以備日後之需。
- 地雷布設完畢。

▲拔出裝備手柄後，M26破片式防步兵跳雷便處於可擊發狀態。

如果要移除M26破片式防步兵跳雷（壓力觸發）及拆除其引信，只需按照埋設地雷的步驟進行反向操作即可：

●仔細清除地雷上的偽裝。

●檢查地雷是否有損壞的痕跡，如果有，則不應嘗試將其移除，應當場銷毀。

●如果地雷沒有受損，則先將保險銷插入地雷。

●檢查保險銷中部的尖頭是否與絆繩擊發口契合。

●移除地雷周邊泥土以方便手指操作。

●一手握住地雷，另一手將地雷蓋按逆時針旋轉，直至無法轉動（約¼圈）的位置。

●確保地雷蓋上的指針指向S（安全位置）。

●裝入裝備手柄。

●將保險銷鎖插入地雷。

●取出地雷。

●清理乾淨後放入原包裝。

布設由絆繩觸發的M26破片式防步兵跳雷：

●挖一個深約13釐米且足夠寬的坑，用以放置地雷。

●坑的直徑要足夠大，以方便手指操縱裝備手柄。

●從雷體中拉出絆繩繞線器。

●將繞線器裡的裝備手柄向上拔起將其拆除。

●拆除絆繩繞線器上方的絆繩解扣桿，以待後用。

●按下塑料絆繩定位器，根據任務需要，從絆繩繞線器上取下一根或多根絆繩。

●將沒有使用的絆繩保留在繞線器裡。

●將保險銷鎖後端連接的拉環理順，這樣在地雷被埋設後，方便將其

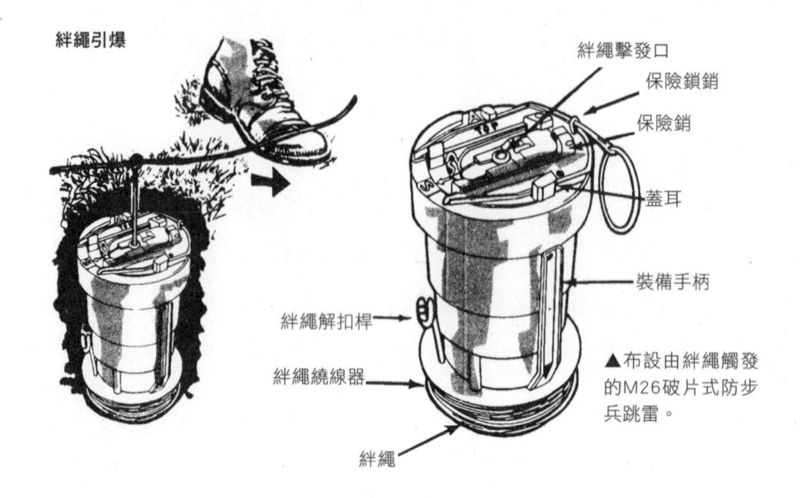

▲布設由絆繩觸發的M26破片式防步兵跳雷。

移出。

●將地雷放進坑中，覆蓋泥土，使蓋耳稍微露出地面。

●將絆繩解扣桿旋進絆繩擊發口（位於地雷蓋的中心），為了保證旋緊，需擰轉4圈。

●剪斷固定絆繩的帶子。

●將絆繩一端繫在絆繩解扣桿的拉環上。

●將絆繩的另一端鬆鬆地繫在固定樁上。

●去掉保險銷鎖。

●將裝備手柄繫在保險銷上。用一隻手抓住地雷，另一隻手將地雷蓋順時針方向轉至無法再轉動（約¼圈）的位置。此時，地雷蓋上的指針應該指向A。

●對地雷坑進行偽裝。

●垂直向上拉出裝備手柄（同時也從地雷上移除了保險銷），將這兩個配件妥善保存以備日後之需。

●地雷布設完成。

▲還未進行偽裝的絆繩觸發跳雷坑。

如果要移除由絆繩觸發的M26破片式防步兵跳雷及拆除其引信，只需按照埋設地雷的步驟相反操作即可：

- 仔細清除地雷上的偽裝。
- 檢查地雷上是否有損壞的痕跡，如果有，則不應再嘗試將之移除，也不要去觸碰絆繩解扣桿或按壓地雷蓋。
- 如果地雷沒有受損，則將保險銷插入地雷。
- 檢查保險銷中部的尖頭是否與絆繩擊發口契合。
- 移除地雷周邊的泥土以方便手指操作。
- 一隻手握住地雷，另一隻手將地雷蓋向逆時針方向旋轉約¼圈位置。
- 確保地雷蓋上的指針指向S（安全位置）。
- 裝回裝備手柄，並將保險銷鎖插入地雷。
- 取出地雷。
- 把地雷清理乾淨後放入原包裝。

防坦克地雷

M15重型防坦克地雷

M15重型防坦克地雷是圓形的鋼殼防坦克地雷，直徑約33.2釐米，高約11釐米。M15重型防坦克地雷是由壓力觸發的，動作壓力為159到340千克。裝藥量10.35千克，內置炸藥為TNT和環三次甲基三硝基胺（RDX）的混合物——Composition B炸藥。

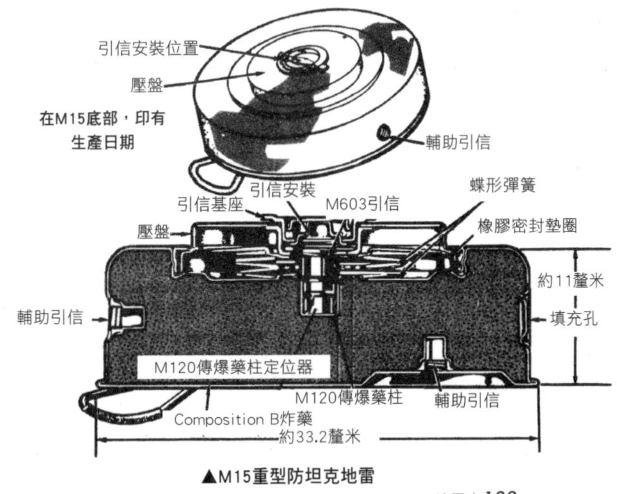

▲M15重型防坦克地雷

安裝 M15 防坦克地雷

●將地雷從包裝盒子裡取出。

●使用M20扳手以逆時針方向旋轉拆下引信基座。

▲M20扳手　　▲取下引信安裝基座

●檢查引信基座內部，是否有異物，如果有則將其清除。

●檢查傳爆藥柱定位器是否在引信基座裡，如果沒有則需更換地雷。

●拿出金屬引信盒，用引信盒底部的鑰匙將其打開。

▲ M603引信及容器

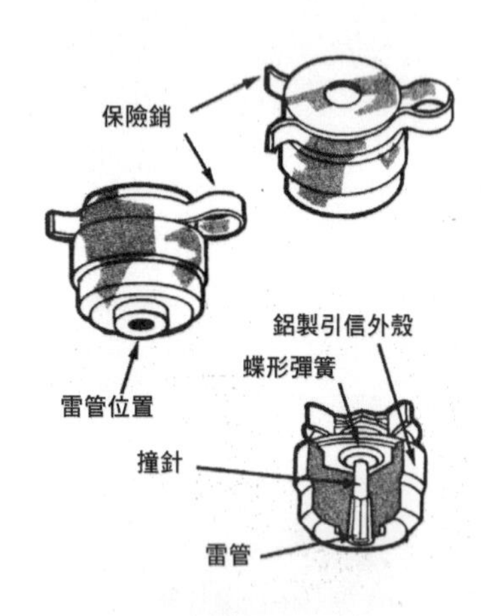

●取出引信，將雷管上綠色一端朝下，並確保保險銷位於壓盤和引信之間。

●取出保險銷，妥善保存，以備日後之需。

▲從引信處移出保險銷

●將引信插入引信基座，確保其位於傳爆藥柱定位器的正上方。在處理引信時，不要對壓盤施加壓力，否則會有危險。

●用M20扳手的突起端檢查引信基座內的壓盤空隙。如果壓盤過高，則應更換引信，因為引爆時壓盤底部會影響引信的正常工作。

●拿起引信基座，檢查是否指向SAFE，若沒有，則需動手將其旋轉至SAFE處。

▲將引信裝入地雷

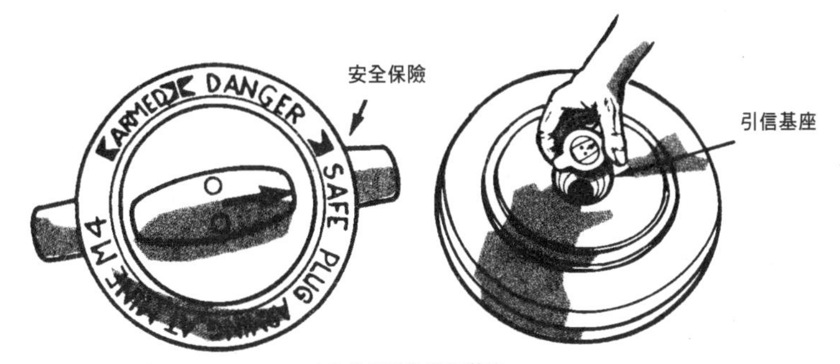

▲安全保險和引信基座。

●挖一個直徑約38釐米、深15釐米的坑，洞壁與地面呈45°角。

●檢查洞底是否夠堅固，否則在有人踩踏時，地雷可能會下陷導致引爆失效。當洞底不夠堅固時，可填充木板或其他堅硬物體以支撐地雷。

●將地雷放入坑中，注意，地雷頂部的壓盤需露出約3釐米。

●在地雷周圍覆蓋泥土，並將土輕輕拍實。

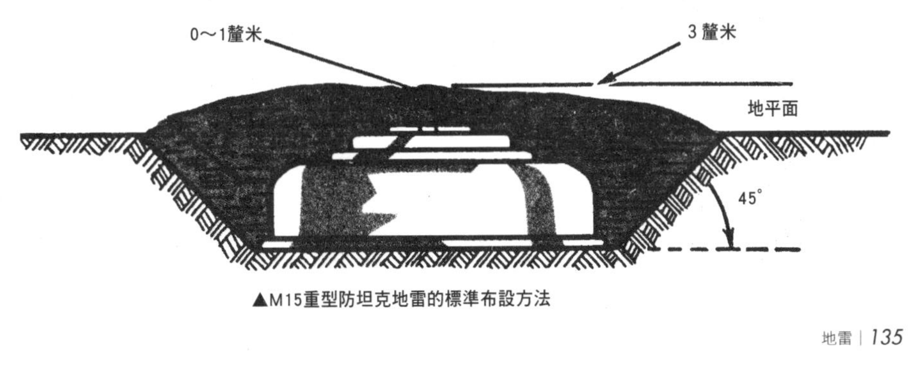

▲M15重型防坦克地雷的標準布設方法

●以M20扳手將地雷頂部安全保險上的調節旋鈕由SAFE（安全）經DANGER（危險）旋至ARMED（引爆）。

●對地雷坑進行偽裝。

將M15調至準備引爆的狀態

▲激活地雷

▼安裝帶有M603引信的M15重型防坦克地雷的步驟

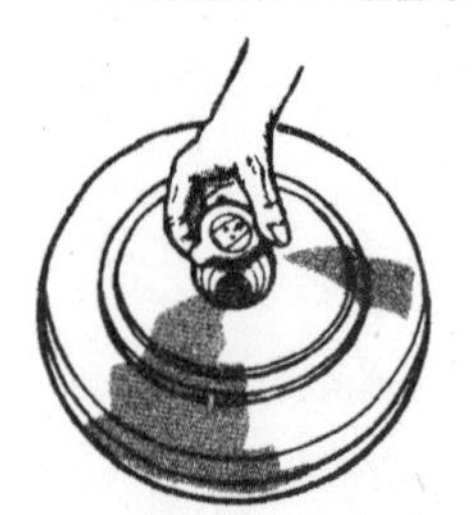

①取下引信基座

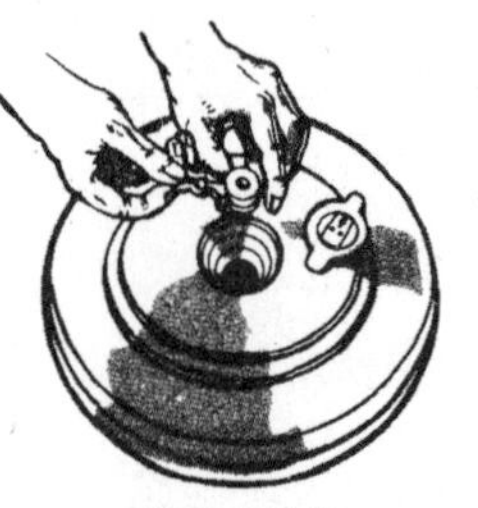

②取下保險銷

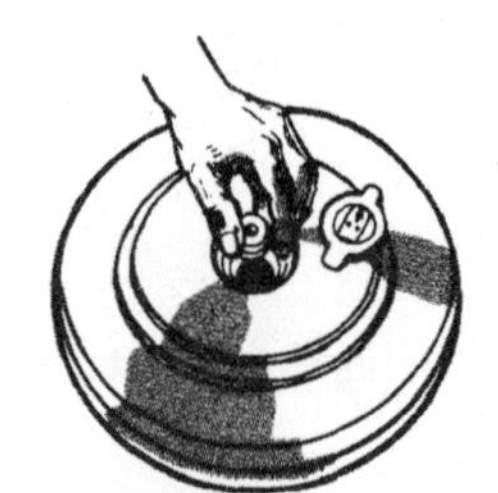

③將引信放入地雷

④在布設地雷前，確保安全保險指向SAFE（安全）

⑤將地雷放入布設坑中，並將安全保險旋至ARMED(引爆)

警告

如果引信基座裡有冰雪將會導致嚴重事故。
因此，在寒冷的天氣情況下，要確保引信基座乾燥、清潔。

如果要移除M15防坦克地雷及拆除其引信，只需按照埋設地雷的步驟進行反向操作即可：

●仔細清除地雷上的偽裝。

●檢查地雷是否有損壞的痕跡，如果有，則不要嘗試去除引信或移除地雷，應當場銷毀。

●確認地雷無損傷後，以M20扳手將地雷頂部引信基座上的調節旋鈕由ARMED（引爆）經DANGER（危險）旋至SAFE（安全）。

●用M20扳手將引信基座以逆時針方向旋鬆，並取下。

●將引信自引信基座中取出。

●把保險銷插入壓盤下方，並將引信放入引信盒。

●將引信基座重新裝回原處。

M21重型防坦克地雷

M21是一種圓柱形金屬雷體的重型防坦克地雷。當地雷的桿狀引信受到1.7千克（此時引信桿傾斜20°以上）或131.5千克的動作壓力作用於壓力環上時都會將其引爆。地雷直徑23釐米，高23釐米（帶觸桿，81.3釐米）。全重8千克，內裝聚能裝藥4.8千克。

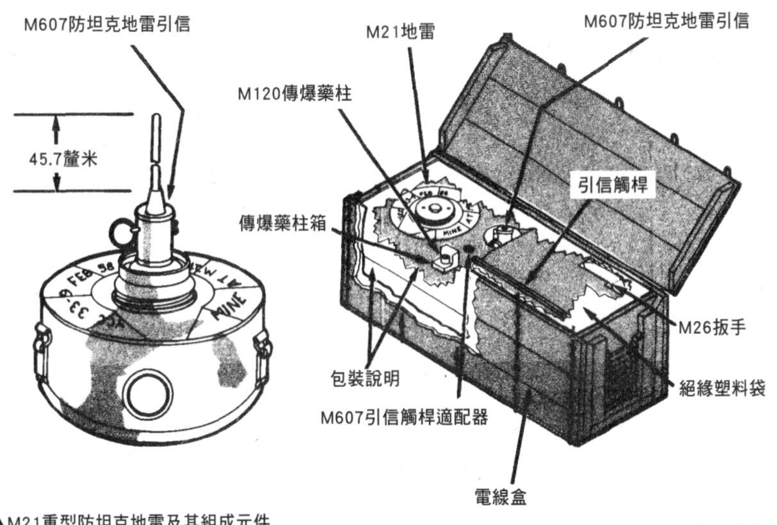

▲M21重型防坦克地雷及其組成元件

安裝 M21 重型防坦克地雷：

- 將M21和其他組成元件從盒子裡取出。
- 檢查外觀，如果地雷或元件上有裂縫、凹痕，應將之更換。
- 確保引信拉環組件和引信閉合組件的保險銷都放在正確的位置上。

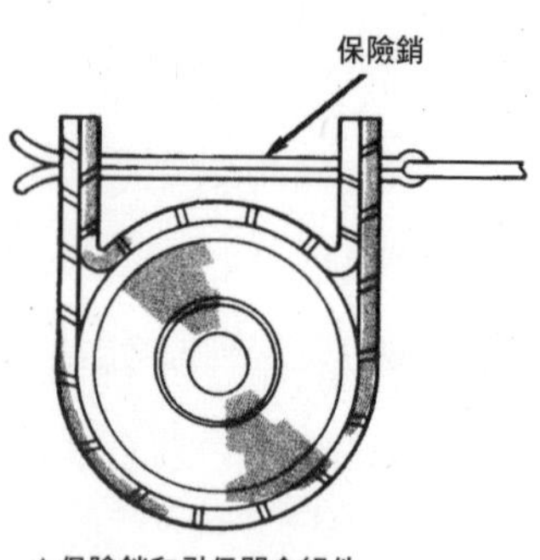

▲保險銷和引信閉合組件

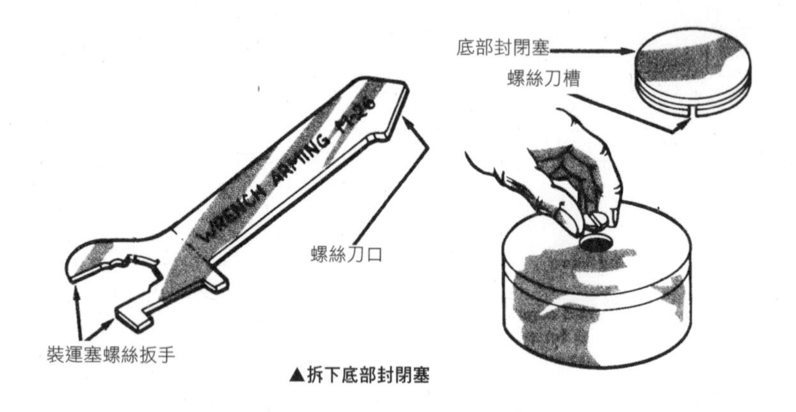

▲拆下底部封閉塞

▼M21重型防坦克地雷內部剖面圖

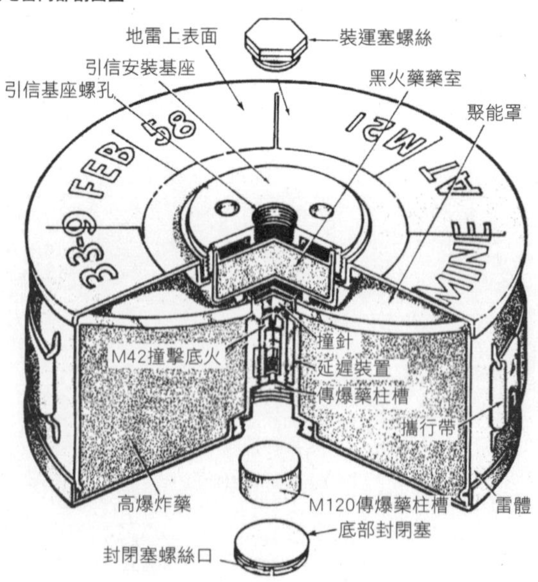

●將地雷倒置，用M26扳手的錐端以逆時針方向拆下底部封閉塞。

●檢查傳爆藥柱槽，如有異物則必須清除。

●將M120傳爆藥柱插入傳爆藥柱槽中，插入時要將有墊圈的一面正對引信。

●用M26扳手旋緊封閉塞，使該組件的墊圈緊貼著傳爆藥柱。

●翻轉地雷，讓地雷正面朝上。

●用M26扳手將裝運塞從地雷引信基座口移除。

●檢查引信口，如有異物則將其移出。

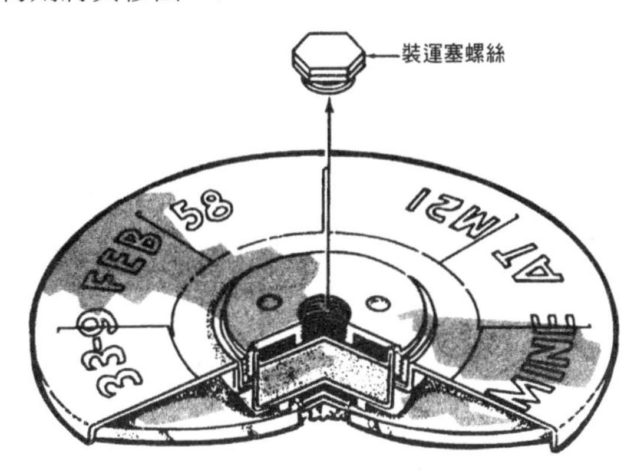

▲拆除裝運塞螺絲

●將M607引信的閉合組件移出（可採用M26扳手的封閉端來進行這一操作），保留引信底部的墊圈。

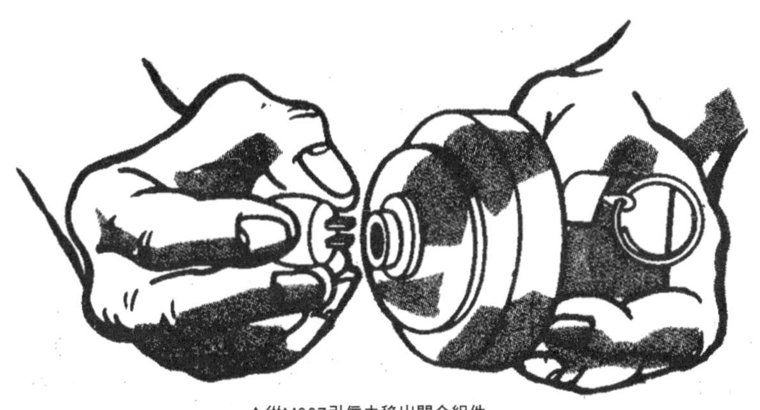
▲從M607引信中移出閉合組件

●將引信裝入引信基座。

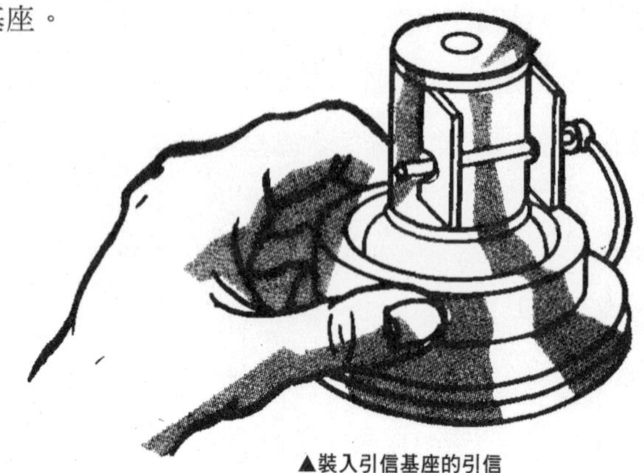

▲裝入引信基座的引信

●挖一個直徑約30釐米、深約15釐米的坑。

●注意檢查坑底是否夠堅固，否則在被碾壓時，地雷可能會下陷使觸發失效，導致無法正常引爆。

●如果洞底不夠堅固，可填充木板或其他堅硬物體以支撐地雷。

●將地雷放入坑內。

●用泥土掩埋地雷，露出引信。

●將觸桿裝在引信的壓力環上。

●確保觸桿是垂直的。

如果預設是由加在壓力環上的壓力來引爆，則可進行如下操作：

●取下引信上的拉環組件。

●妥善保留取下的元件，以備後用。

●對地雷坑進行偽裝。

如果要移除地雷或拆除引信，只需按照埋設地雷的步驟進行反向操作即可：

- 檢查地雷附近的區域，若地雷有損壞的跡象，則不應拆除，立刻就地引爆。
- 移開地雷坑上的偽裝及土層。
- 將引信上的拉環組件歸位，這樣通過壓力環就無法引爆地雷。將保險銷歸位。
- 如果地雷上有觸桿和接桿適配器，則要小心拆卸。
- 移開地雷周圍的泥土，取出地雷。
- 拆除引信，並在地雷上安裝閉合組件。
- 將裝運塞裝回地雷引信基座。
- 拆除傳爆藥柱，裝回封閉塞。
- 將地雷、引信和拆下的元件清理乾淨，裝入原包裝盒。

M24 防坦克遙控地雷

M24防坦克遙控地雷的工作原理為：當車輛行駛到感應識別器的工作範圍時，將觸發車輛行駛路線附近9釐米（約3.5英吋）的反坦克高爆彈。發射反坦克高爆彈的發射器應該安置在距離車輛行駛的路邊3到30米處。

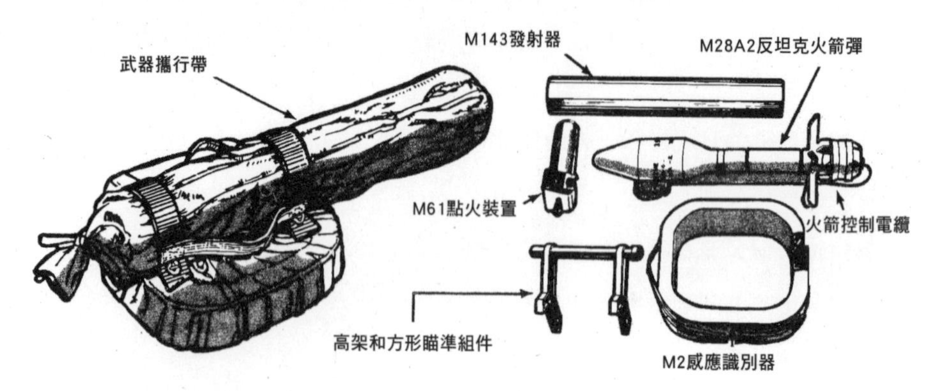

▲M24防坦克遙控地雷的組成元件

▲M24防坦克遙控地雷與環境模擬圖

第10章
爆破

作為一名士兵，經常會完成以下的爆破任務：

●爆破掃雷

●清除電網

●清理登陸場

●在建築物的牆上開洞

●炸倒大樹製造路障

本章主要講述如何完成爆破中最基本的一環，即準備爆炸系統。爆炸系統分為：非電子引爆和電子引爆。

關鍵詞：非電子引爆、電子引爆、安裝引爆系統

非電子引爆

準備非電子引爆應遵循以下步驟：

第一步 在TNT炸藥塊或C4炸藥塊上壓一個直徑約0.65釐米、深約3釐米的孔，用以安置雷管。

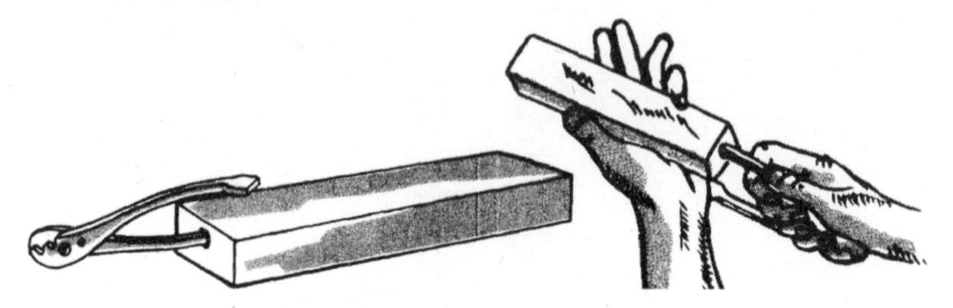

▲在TNT藥塊上壓出一個雷管安裝位置。TNT炸藥的穩定性極高，普通的擠壓、碰摔均不會有任何危險。

第二步 將導火索的切口端剪去15釐米，以防止因導火索部分受潮而導致引爆失敗。

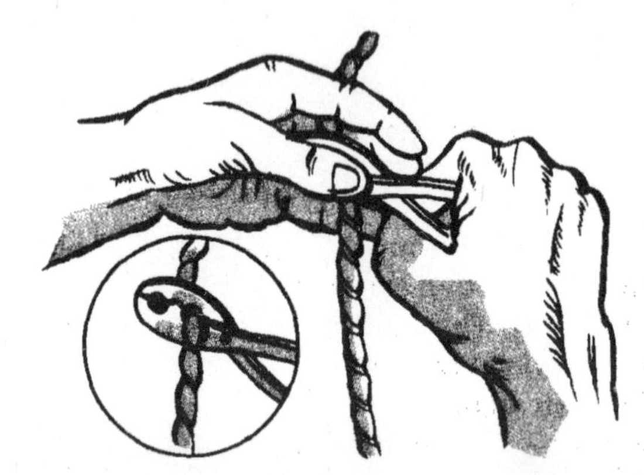

▲為了防止因受潮而導致引爆失敗，應將長時間未用的導火索剪掉一部分。

第三步 通過計算，確定所需的導火索長度。先估算出約90釐米導火索的燃燒時間，再用該數據除以3，得到30釐米導火索的燃燒時間。注意：盡量不要以燃燒30釐米導火索的方式來測時間，這樣的誤差比較大。

接著，測出士兵從爆破現場返回安全地帶所需要的時間，用該時間除以30釐米導火索燃燒所需時間，得到的數據就是所需導火索的長度（釐米）。

第四步 檢查起爆雷管，如有異物則將其清除。

第五步 輕輕將雷管套在導火索的端頭上，這樣雷管裡的敏感裝藥便可保證正常引燃。禁止將導火索用力插入雷管，這種做法極為危險。

第六步 將雷管固定好後，從它的開口端約0.3釐米處，將雷管與導火索咬合固定。進行咬合步驟時，身體需與雷管保持一定距離。

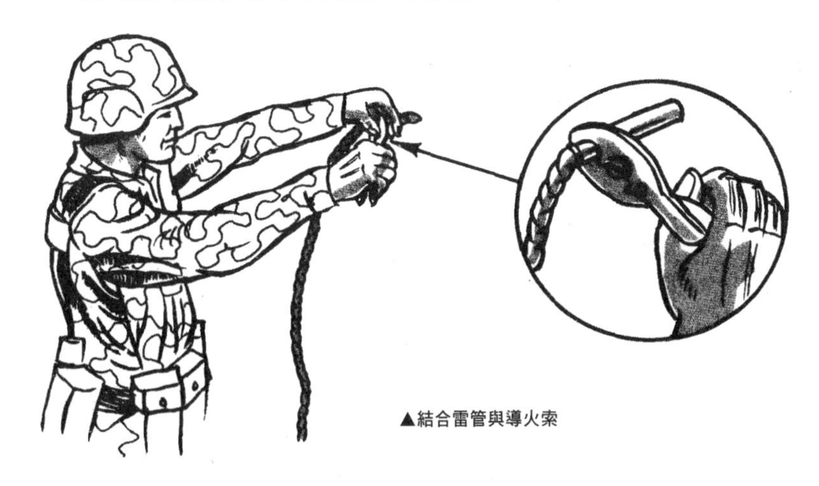

▲結合雷管與導火索

第七步 在使用TNT炸藥爆破時，將雷管插入預先準備好的雷管插孔中。使用C4炸藥進行爆破時，仍要預先壓出雷管安裝孔，再插入雷管。輕握藥塊讓C4炸藥包裹住雷管。嚴禁將雷管直接硬塞入C4中。

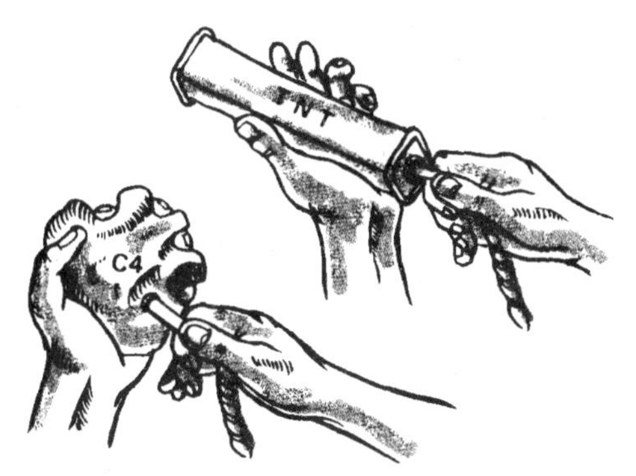

▲在炸藥藥塊中插入雷管。

第八步 將導火索的活動端插入M60導火索引燃器。

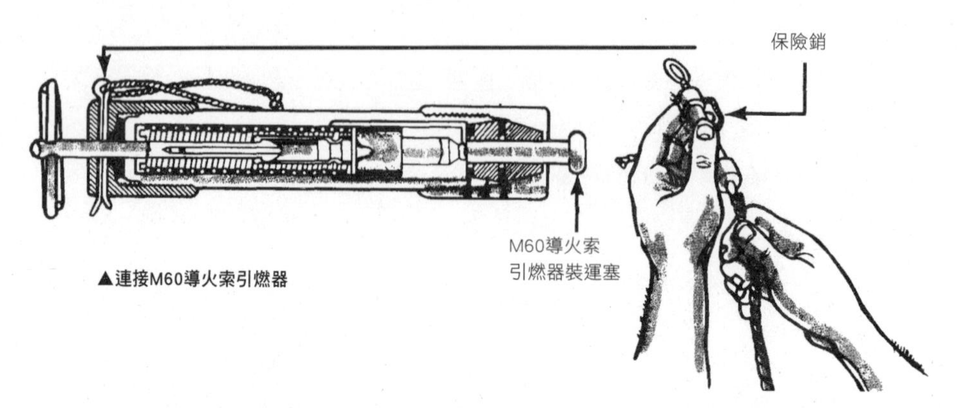

▲連接M60導火索引燃器

第九步 拉燃導火索引燃器時，先去掉保險銷，一手握住引燃器，另一手的手指穿入拉環，迅速猛拉。如果引燃失敗，則將拉出的活塞完全推入，重置引燃器。再次猛拉，如果依然失敗則需更換引燃器。

第十步 如果沒有導火索引燃器，可將導火索的一端輕輕拉開，在縫隙中插入火柴，將火柴頭緊貼著導火索。

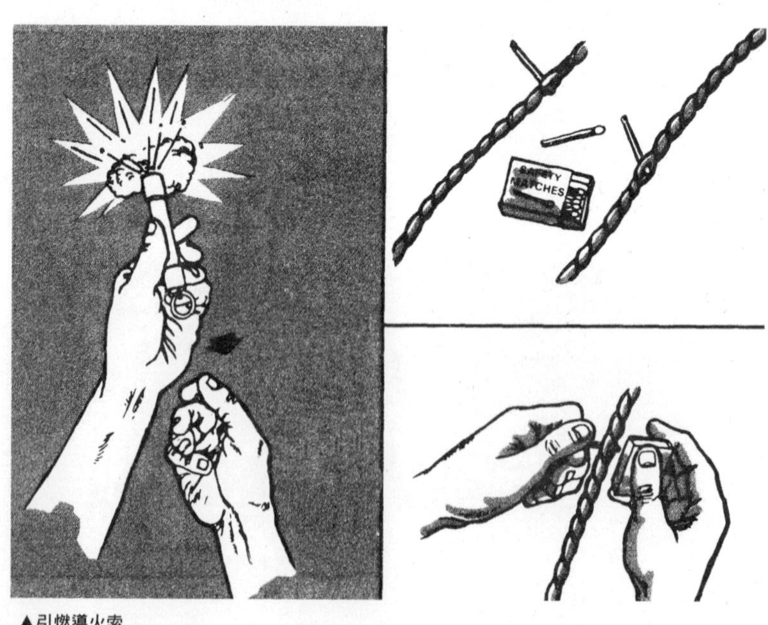

▲引燃導火索

第十一步 用燃燒的火柴點燃導火索上插入的火柴頭，或用火柴盒的側邊去摩擦火柴頭將其點燃。

如果導火索被點燃，但藥包並未爆炸，則表示引爆失敗，相關人員需等待30分鐘後再去檢查。檢查時，如果發現裝藥並未夯實，可再放入一塊C4或者TNT炸藥；如果裝藥夯實，則放入兩塊C4或TNT炸藥。如該爆破行動不需要控制爆炸當量，那就不必移出原來的裝藥，當新裝的炸藥被引爆時，原來的裝藥也會被引爆。

電子引爆

準備電子引爆應遵循以下步驟：

第一步 先找到理想的引爆區域和裝藥場所。在裝藥場所展開起爆電線，將一端固定在引爆區域的某個位置。過程中需隨身攜帶起爆裝置，嚴禁將其放在引爆區域。

第二步 用電流測量儀或線路檢測器檢查起爆電線，確保電線無短路或斷路。該操作最好由兩名士兵各執電線的一端進行檢查。

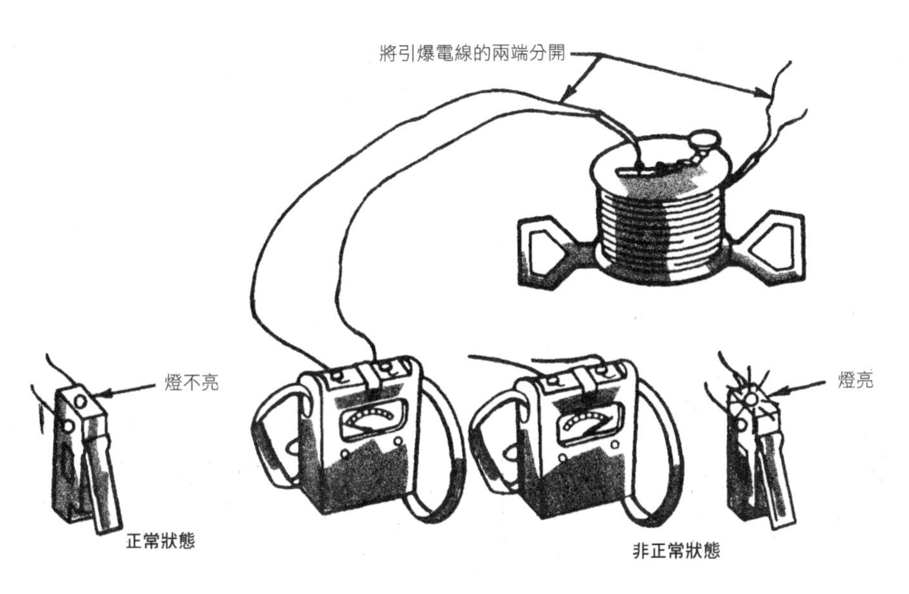

▲檢查起爆電線，短路測試。

請裝藥場所的士兵將起爆電線分開，在引爆區的士兵用電流測量儀或線路檢測器檢測電線，如果測量儀的指針未發生偏移或檢測器指示燈沒有亮，則說明狀態正常；反之，則說明電線短路，應該立即更換。

如果電線沒有短路，相關人員應繼續檢查有無斷路情況。請裝藥場所的士兵將電線捻接成一條，然後讓引爆區的士兵將手中的電線與電流測量儀或線路檢測器接觸，如果電線正常，則電流測量儀的指針應該會劇烈地擺向一邊，線路檢測器的指示燈則會變亮。反之，就說明電線有斷路情況發生，相關人員應立刻將之更換。

▼檢查電線，斷路測試。

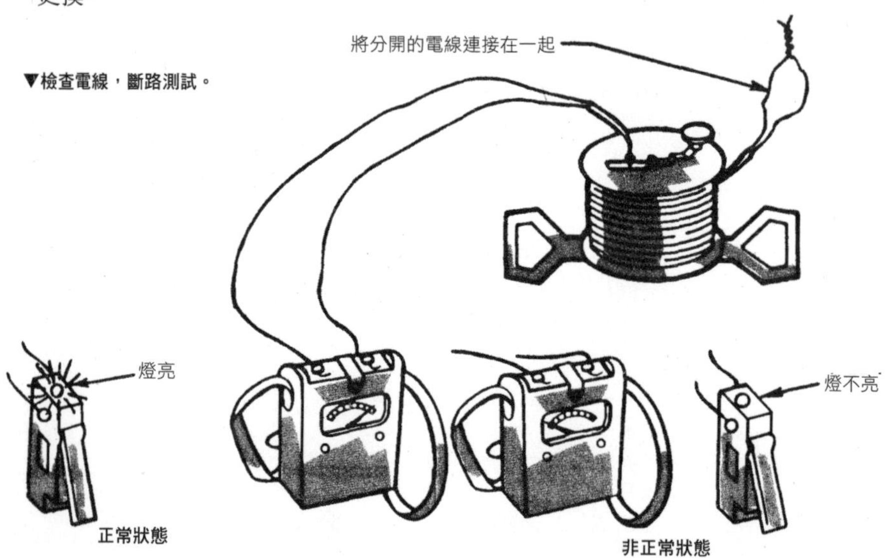

第三步 在引爆區用電流測量儀或線路檢測器檢查雷管是否短路。將短路分流器拆下，用電流測量儀檢查雷管的導線，如果測量儀的指針劇烈移動則說明雷管正常。如果指針沒有移動或只有輕微偏移，則應更換雷管。

▶電流測量儀

如果使用線路檢測器對雷管進行檢測，按壓開關時，檢測器上的指示燈閃亮說明雷管工作正常，反之，則需更換雷管。

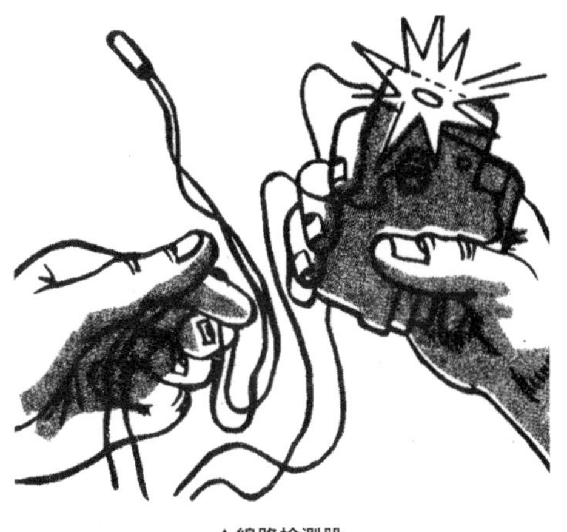

▲線路檢測器

第四步 回到裝藥場所，如果是使用一塊TNT炸藥，相關人員應仔細清潔雷管安裝孔。如果是使用一塊C4炸藥，則應壓出一個雷管大小的引爆孔。

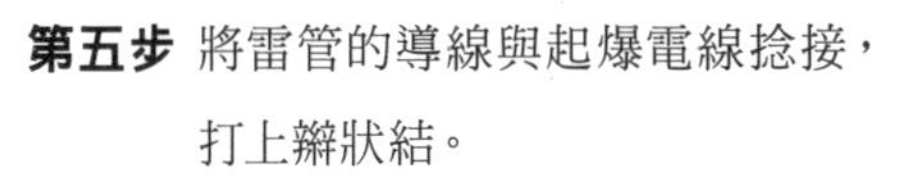

第五步 將雷管的導線與起爆電線捻接，打上辮狀結。

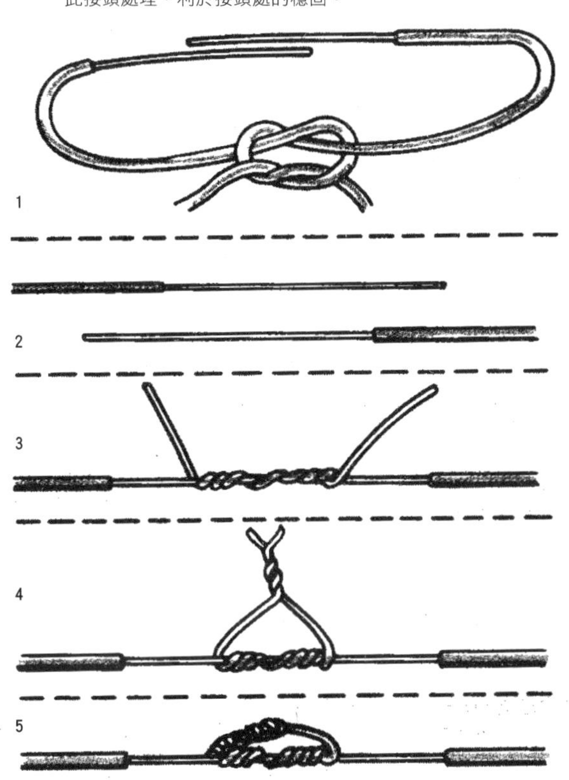

◀辮狀結

第六步 進行TNT爆破時，將雷管插入TNT炸藥的雷管安裝孔，並用起爆接頭將其固定；進行C4炸藥爆破時，應將雷管放入預先壓出的安裝孔中，使C4炸藥包裹在雷管周圍。

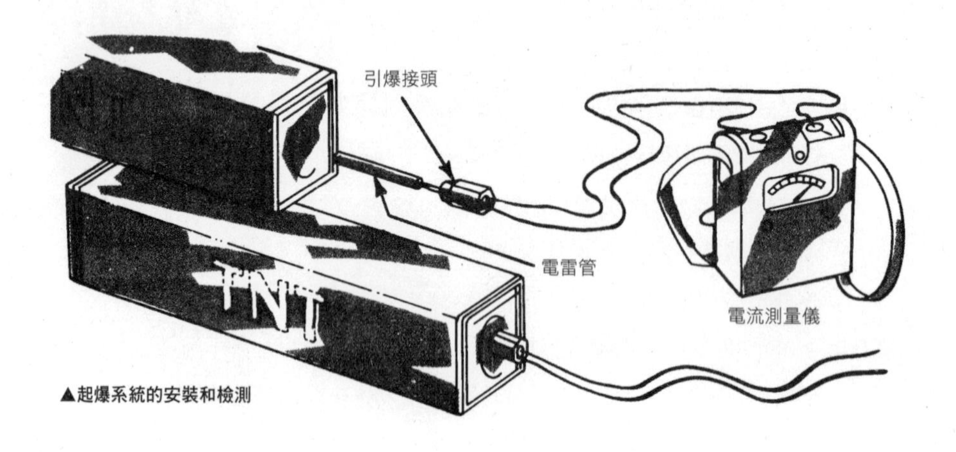

▲起爆系統的安裝和檢測

第七步 回到引爆區域，用電流測量儀或線路檢測器檢查電線（操作步驟如前文所述）。

如果電線檢查正常，而炸藥無法引爆，則是引爆失敗。

如果裝藥未夯實，可立即檢查該系統；如果裝藥夯實，則需要等30分鐘才能進行檢查。

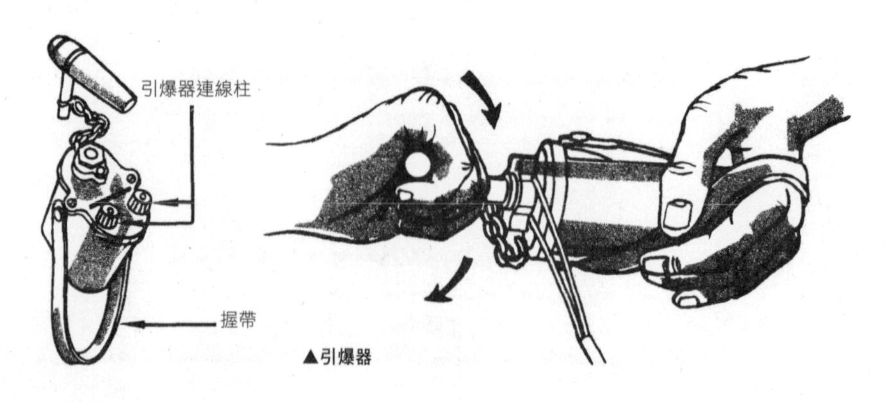

▲引爆器

檢查時需按照以下的步驟：

①檢查電線與引爆器的接頭處，確保其接觸良好。

②再嘗試2到3次引爆炸藥。

③嘗試用其他引爆器引爆。

④將電線從引爆器上取下，並將電線末端與分流器捻接。

⑤來到裝藥場所進行檢查，隨身攜帶引爆器。

⑥檢查整條電線，看看是否有短路或斷路。

⑦禁止移出雷管或炸藥。

⑧如果無法找到問題，在原裝藥處裝入新的起爆炸藥。

⑨將以前的起爆雷管電線與起爆電線分開，並將前者末端與分流器捻接。

⑩用新換上的起爆雷管、新引爆電線，引爆新裝藥。以此來誘爆原來的裝藥。

警告

來自無線電信號的電流會使雷管提早爆炸。因此，在距離電子或非電子起爆雷管50米之內，不得使用移動或便攜式的無線設備。

閃電會對電子或非電子起爆裝置產生危害，所以，出現閃電或其他危險情況時，應推遲爆破行動。

在高壓輸電線附近155米的範圍內，不要操作任何電子引爆裝置。

第11章
清除障礙物

在戰鬥中，敵人經常會製造障礙來阻止或減慢我軍的行進速度。因此，為了順利完成戰鬥任務，必須避開或突破敵人的障礙物繼續前行。

敵人常用的障礙物是地雷和鐵絲網，本章將就清掃雷區和清除鐵絲網進行詳細講述。

關鍵詞：清掃和通過雷區、清除鐵絲網

清掃和通過雷區

清掃雷區的方法有很多種，其中非常有效的一種就是：通過探測做出標記，找出一條安全道路供士兵通過。

探測地雷

- 取下身上的頭盔、攜行具、手錶、戒指、皮帶、狗牌等任何可能阻礙行進或容易掉落的東西。
- 將步槍和其他裝置交給戰友代管。
- 找一根30釐米長的木棒，將一端削尖作為探測工具。不要使用金屬棍棒。
- 用一隻手緊握木棒未被削尖的一端。
- 從前方1米處開始探測，探測深度在5釐米左右。將探測棍的尖端輕輕向前推，注意！要使棍子與地面保持小於45°的角度。
- 開始探測時，先採用蹲姿，探測前方1米以內的範圍；確認安全後，採用跪姿，再探測前方1米內的範圍；確認安全後，採用臥姿。一隻手用來探測，另一隻手觸摸是否有絆繩或壓力叉。
- 緩緩將探測棍插入地面，將泥土鑿開後，用手把泥土移走。

▲探測地雷

●當探測棍觸碰到堅硬物體時，停止探測。

●將該堅硬物體四周的泥土移開，找出該物體。

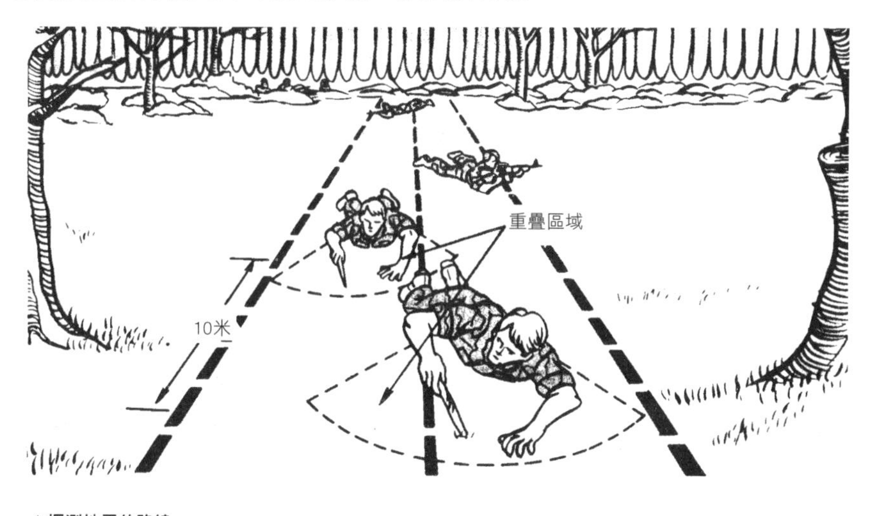

▲探測地雷的路線

標記地雷

●移開泥土找到該物體，如果確為地雷，仔細查看其種類。

●在地雷的位置上做好標記，並向上級報告。標記地雷的方式各異，無論選擇什麼方式，最重要的是讓每個人明白和理解。最普遍的標記法是將一張紙片、布條或其他醒目物品繫在一個小棍上，並將它插在地雷旁邊。

▲在地雷旁邊做好標記

通過雷區

在找出雷區的安全行進道路、標識好地雷後，安全小組就應該沿該路徑穿過雷區，檢查雷區的對面區域是否安全。如果安全，其他作戰單位就可以通過了。

▲標記好地雷，並檢查雷區對面區域的安全。

清除和通過鐵絲網

敵軍使用鐵絲網不僅可以破壞我軍步兵與坦克的協同，還可以減緩步兵的行進速度。在清除鐵絲網時，需使用剪鉗和爆破筒。

清除鐵絲網有時是項祕密任務，通常是由偵察兵來完成。在進攻時，清除鐵絲網不再要求隱祕，因此除了使用剪鉗外，爆破筒是更為高效的方式。

切斷鐵絲網

在需要隱祕進行的情況下，剪斷鐵絲網的操作步驟如下：

●切斷低矮處的鐵絲網，保留上端的鐵絲網，這樣不易被敵軍發現。

●選擇支撐樁附近的鐵絲網作為剪切位置。為了降低切斷時發出的聲音，可讓另一名士兵用衣服裹住鐵絲，握住鐵絲，用剪鉗壓下深深的剪切痕跡，但不要剪斷，再將鐵絲沿切口處來回彎曲直到折斷。此方法也可以單兵操作。

▲清除鐵絲網

▲蛇腹式鐵絲網

清除蛇腹式鐵絲網時可按以下步驟操作：

- 切斷鐵絲，使鐵絲網出現缺口。
- 將鐵絲網向一側拉開，方便士兵匍匐穿過。

通過鐵絲網

從鐵絲網下爬過時需要遵循以下步驟：

- 士兵仰躺著前進，頭部首先穿過鐵絲網。
- 足跟用力，推動身體向前移動。
- 將武器縱向放置，用一隻手握住。身體從鐵絲網下穿過時，注意不要讓衣服或裝備被鐵絲網勾住。
- 如若不慎被鐵絲網勾住衣服或武器，應保持鎮定並用隨身的工具將勾連處的鐵絲剪斷。

▲從鐵絲網下通過。

從鐵絲網上爬過時需要遵循以下步驟：

●身體略蹲，降低重心。

●仔細觀察是否有絆網或地雷。

●抓住鐵絲網，緩慢跨越。

●當被掛住，或被割傷時，一定要鎮定，緩慢解開掛住的地方。

●為了加快通過的速度，可以將木板或草鋪在鐵絲網上，直接踏著木板或草通過。

使用爆破筒

爆破筒的主要作用是破障、排雷、炸碉堡等。它在應對雷區、蝮蛇型鐵絲網及三角樁等障礙物時效果奇佳。爆破筒的形狀一般是一根和可口可樂瓶差不多粗細的鐵管，裝填的是TNT與黑索金的混合炸藥。爆破筒靠的就是以爆轟進行破壞，爆破筒的威力通常不是很大，主要是因為需要破障手近迫作業，威力過大容易造成傷害。但也有例外，為了炸掉敵人的火力據點，有時也會使用威力較大的爆破筒。

一個爆破筒組由10個藥筒、10個連接套筒、1個端頭套組成。由於每個藥筒的兩端都有雷管安裝孔，因此可以任意安裝無須按照特定順序。各藥筒通過連接

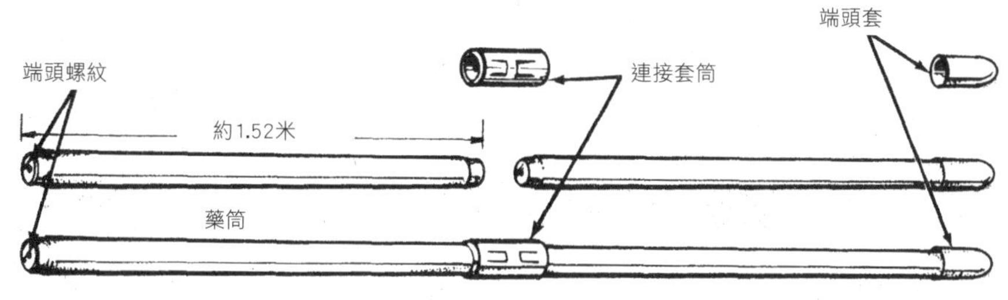

▲爆破筒

套筒連接。為了防止穿過鐵絲網時，爆破筒誤觸地雷導致爆破筒提前爆炸，士兵需臨時製作一個裝置將其固定在爆破裝置的一端。這個臨時裝置可用樹枝製成，其粗細應與藥筒相當。

當爆破筒組裝完畢後，將其穿過鐵絲網，並裝上電子或非電子引爆系統。在爆破筒引爆後，用剪鉗將未炸斷的鐵絲網切斷以便通過。

▲爆破作業

第12章

城市戰

在市區作戰時需要非常特殊的技能，是否掌握這些技能會直接影響任務能否成功完成。本章講述了部分城市戰技能，是步兵及各兵種必須掌握的基本部分。

關鍵詞：移動、進入建築物、手榴彈的使用、陣地的利用

移動

在城市內移動是一項必須掌握的基本技能。為了將暴露於敵人槍口之下的概率降至最低，士兵必須遵循以下規則：

● 壓低身體，切勿暴露身體的輪廓。避免經過沒有掩護的空曠地帶，如街道、衚衕、廣場、公園。

● 在移動之前先找到下一個能提供掩護的位置。

● 使用煙幕、建築物、瓦礫或樹木來隱藏行蹤。

● 移動的過程中務必做到迅速、隱蔽。

● 移動時，切勿阻擋掩護的火力，應隨時保持警惕。

越過牆體

在越過牆體時，動作必須迅速。具體步驟為：先找到牆體的低點便於翻越，同時偵察牆體的另一面是否有障礙物或敵人；確認安全後，壓低身體，快速翻過牆體。迅速的動作和壓低身體都能保證越過牆體時不易被敵人發現。

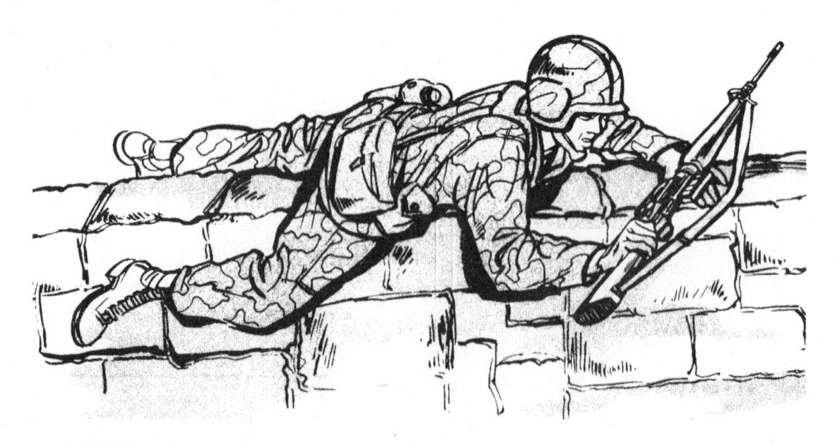

▲越過牆體

通過拐角

在通過拐角時，要先觀察拐角後面的區域有無障礙物或敵人。觀察時，不要暴露自己。帶上頭盔趴在地面上觀察，不要暴露隨身攜帶的武器。確認安全後，壓低身體快速通過拐角。

▲通過拐角

經過窗戶

經過地下室的窗戶時應該抬腿跨過或跳過，不要暴露腿部和腳。

在經過建築物一樓的窗戶時，士兵應將身體壓低至窗戶以下，貼著牆體通過，不要讓自己的輪廓反射在窗戶的玻璃上。

▲經過地下室的窗戶

平行於建築物外立面移動

當士兵沿著建築物的壁面移動時，應盡量使用煙幕作為隱蔽，或讓其他士兵掩護。通過時，壓低身體，並靠近建築物的牆體，盡量利用陰影區域，快速地由有掩護的區域移動到另一個有掩護的區域。

▲經過一樓窗戶

通過空曠地帶

盡可能避免經過死亡密集區，如街道、衚衕、廣場和公園。上述區域由於地理位置特殊，非常容易被敵人的機槍射中。在通過空曠地帶時，應選取最短的路徑，並施放煙幕作為掩護或要求戰友掩護，依據躍進的戰術要領快速通過。

▲通過建築物的壁面

如圖所示，若士兵必須由圖中的A點到達C點，不應直接從A移動至C，因為在所有的路徑中，A到C的整段路徑幾乎都暴露在空曠地帶中，會給敵人更多的機會向你射擊。

當你準備從A點移動到C點時，應該選擇經過B點到達，雖然移動距離增加了，但暴露於敵人視線中的距離縮短了，由此更加安全。

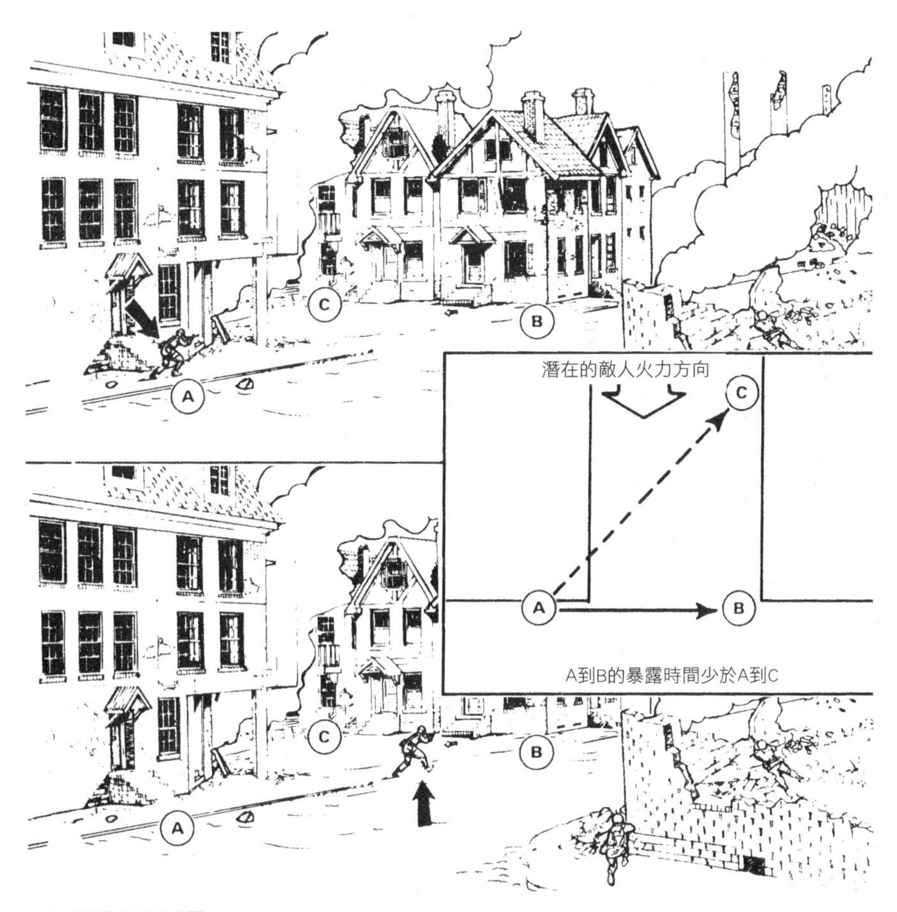

▲空曠地帶路線的選擇

在建築物內的移動

在建築物內移動時，應注意不要讓身體的輪廓反射在門或窗戶上，按照之前講述的通過窗戶操作行進移動。

如果必須在走廊上行進，應緊靠牆體，迅速移動，不要被敵人發現了。

進入建築物

進入建築物時應做好一切準備，不要讓自己暴露於敵人的視線中。以下是一些必須遵循的基本規則：

▲經過窗戶

▲通過走廊

●在移動前選好進入點

●避開窗戶和門

●施放煙幕作為掩護

●使用爆破或坦克炮擊炸出新的入口點。

●在進入前，朝進入點投擲手榴彈。

●手榴彈在建築物內爆炸的同時，請求戰友掩護，快速進入室內。

●盡量選擇建築物的制高點作為進入點。

選擇高處作為進入點

清除建築物裡所有威脅的最理想方法是由上至下逐層清除。這也是為什麼要盡量選擇較高位置作為進入點的原因。假設防守在該建築物的敵人已經撤退至底樓，那麼他們很可能會離開，這樣就很容易被埋伏在建築外的我軍攻擊。

如果防守的敵人向頂樓轉移，那麼他們的撤離可能需要付出更大的代價，甚至不得不通過其他建築物的屋頂來撤離。

▲高處進入

要到達頂樓或屋頂，可以借助繩索、梯子、排水管、植物藤蔓、直升機或鄰近建築物的屋頂。如可以通過梯子向上攀爬，還可以將抓升鉤固定在繩索一端，擲向屋頂，待抓升鉤勾住屋頂的物體後，再沿著繩子向上攀爬。

▲直升機屋頂繩降

地面進入點

儘管由高處進入是種理想的進入方式，但當我們無法到達屋頂或頂樓時，不得不選擇由地面進入建築物。由地面進入時要盡量避開門窗，因為敵人很可能會在門窗處設置陷阱，或已將其置於火力監控下，隨時準備開火。

由地面進入時，可用爆破、大炮、坦克、反坦克武器或其他裝置在建築物牆體上炸出一個進入點。在進到室內前，先往裡投擲一枚手榴彈，確保室內的威脅已被清除。

▲地面進入

手榴彈的使用

在建築物內交火時，可用手榴彈來清除房間及走廊處的威脅。在進入門、窗、大廳和樓梯間等入口前，先扔枚手榴彈。為了防止敵人將手榴彈扔回，可以在投擲前讓延時引信先工作２秒鐘。

手榴彈的操作為：拔掉保險銷，鬆開保險桿，在默念「one thousand one」「one thousand two」（約耗時2秒鐘）後，將手榴彈擲出。

如果要將手榴彈扔進建築物高層入口，最好借助榴彈發射器。

▲投擲手榴彈

在向入口投擲手榴彈前，需選擇一個能提供掩護的位置以防止手榴彈未擲入目標區域，在其他地方爆炸，或敵人將手榴彈擲回引起危險。當擲出手榴彈後，士兵需緊靠牆體以此作為掩護。當手榴彈在室內爆炸後，立刻進入建築物。

陣地的使用

城市戰的陣地與其他地形的陣地有很大的區別。城市戰的陣地通常不會像第二章所描述的那麼設施齊備，有些場合（城市戰的陣地是匆忙選擇的）甚至沒有任何掩體。

拐角陣地

如果選擇建築物的拐角作為陣地，那麼身居其中的士兵就必須抵肩射擊，其優勢在於：抵肩射擊時，身體的另一側可以緊靠牆體，由此可保證身體暴露在敵人視野的區域非常有限。如果條件允許，在開火時可進行抵肩匍匐射擊。

▲拐角陣地

牆體陣地

隱蔽在牆體後射擊時，要盡可能從牆體的側面開火，不要從牆體上方射擊。其原因在於，從側面射擊更不易被敵人發現。身體壓低，緊靠牆壁，盡量抵肩射擊以保證身體的大部分區域處於掩護之中。

▲牆體陣地

窗戶陣地

把窗戶作為陣地時，不應站立，否則會將大部分的身體暴露於敵人的視野中，也不要將步槍槍口伸出窗戶外，以免暴露位置。

隱蔽在窗戶後射擊的最佳方法是保持與窗口的距離，這樣，槍口或反光都不容易被敵人發現，同時，最好跪下射擊，以減少身體暴露的區域。

為了提高窗戶陣地的隱蔽性，可用木板或其他材料遮蔽窗戶，但要留下一個小孔用於

▲窗戶陣地。

射擊。如果只遮蔽一扇窗戶反而會引起敵人的注意，所以將其他的窗戶也遮蔽起來，這樣敵人就無法輕易知道窗戶陣地的準確位置了。另外，遮蔽窗戶的材料擺放應該是不規則、凌亂的，這樣也便於隱匿。

將沙袋堆放在窗戶的下方和周圍，除了可以起到加固的效果，也能作為掩體；也應將窗戶上的玻璃移除，以防止戰鬥時飛濺的玻璃片砸傷人。

▲加固的窗戶陣地

屋頂陣地

屋頂陣地能提供有利的射擊位置及火力掩護，尤其適合狙擊兵射擊。從屋頂射擊時應壓低身體，不要露出身體的輪廓以防被敵人發現和攻擊。

無論是煙囪還是其他的突出結構，其背面都可以作為陣地。如果可行，還可以移出屋頂的部分建築材料，即將屋頂掏空，這樣，就可以站在屋內的橫梁或平台上，只露出頭部和肩膀。還可以在陣地周圍堆放沙袋以提供額外的保護。

▲屋頂陣地

如果屋頂沒有任何突出結構，則應考慮將面向敵人的屋頂下方區域用作陣地。先從該區域移出部分建築材料以容納士兵及其武器裝備，然後堆放足夠的沙袋用作掩體；士兵應盡量遠離陣地入口，並隱藏好自己的步槍槍口和瞄準鏡。但這種陣地有一定的危險性，因為敵人可能會注意到屋頂某處的建築材料被移走了，光禿禿的。

▲屋頂內的陣地

▲屋頂下的陣地

▲普通射擊孔

▲加固的射擊孔

射擊孔

在牆體上開射擊孔可以為陣地提供掩護，還可以起到觀察的作用。在鑿射擊孔時應盡可能多鑿幾個孔，藉此影響敵人的判斷。在射擊孔後方射擊時，要與之保持一定的距離，不要讓槍口和瞄準鏡出現在槍眼處，否則會暴露自身的位置。

如果是隱藏在建築物的二樓，為了加固射擊孔，並為自己提供更堅固的掩體，可將沙袋鋪在地板上，匍匐射擊時可以趴在沙袋上。這種做法的好處在於，如果一樓發生爆炸，堆放在身下的沙袋可以起到保護作用。為了獲得更多的保護，還可以搭建一個高架掩體。具體做法是：將一張桌子擺放在射擊孔附近，桌上堆放沙袋或其他堅固的物體。此掩體可以保護自己不被落下的殘垣斷壁擊中。

第13章

跟蹤

在執行任務時，必須隨時對敵軍的行跡保持警惕。這些行跡可以告訴你，敵軍可能會在什麼地方出現，從而給部隊更充裕的時間做好與敵軍交火的準備。在跟蹤敵軍時，如果與之失之交臂也不用擔心，因為只要他留下痕跡，就很容易再次找到他。

關鍵詞：偵察兵素質、基本原則、轉移、著色、天氣、廢棄物、偽裝、解析使用情報、偵察隊、偵察犬、反偵察

偵察兵必備的素質

跟蹤是一項精妙的藝術，要掌握這門藝術必須經過無數次的實踐，還必須熟知各種跟蹤技巧，這樣才可能發現隱藏的敵人並跟蹤他，找到並避開地雷和陷阱，或找出埋伏的敵軍並警示其他戰友。

跟蹤的技術主要有兩類：目視跟蹤和氣味跟蹤。目視跟蹤主要通過觀察人或動物所留下的痕跡來進行跟蹤，痕跡通常是留在地面上或是植被上。氣味跟蹤是靠特殊的氣味來跟蹤人或動物。

跟蹤敵軍時除了善於運用常識和經驗外，還必須具備以下的特質：

- 耐心。
- 在偵察和解析敵軍留下的蹤跡時，行動必須放緩、安靜、從容。
- 不要快速移動，否則可能會遺漏一些重要細節或誤入敵警戒區。
- 在執行跟蹤任務時，一定要有堅定的信心和決心，無論線索多麼稀少，天氣多麼惡劣，需盡最大努力來完成任務。
- 在追蹤失去的線索時，要有堅定的信心和決心，不要輕言放棄。
- 追蹤時必須保持敏銳的觀察力，擅於找到看似普通的可疑之處。
- 除了目視跟蹤外，還要利用聽覺和嗅覺。
- 培養一種從尋常事物中發覺不尋常之處的直覺，這有助於找回丟失的線索以及發現更多有用的細節。
- 瞭解敵軍的行軍習慣、武器裝備及優勢。

跟蹤的基本原則

在跟蹤敵軍時，為了做到心中有數，不妨問問自己這些問題：

- 所跟蹤的敵軍數量？
- 他們是否訓練有素？
- 他們的武器裝備如何？

- 他們的身體是否健康?
- 士氣如何?
- 是否知道自己被跟蹤?

要找到這些問題的答案,必須借助任何可以獲得的跡象,每個跡象都能告訴你在某個特定時間和地點上發生了什麼事。例如:一組腳印就能說明,有人在某個時候經過這個地點。

跟蹤的6個基本原則:

- 轉移
- 著色
- 天氣
- 廢棄物
- 偽裝
- 解析使用情報

你發現的任何一個跡象都從屬於以上一個或幾個原則。遵循這些原則,就能回答上述問題,對敵軍有個全面的瞭解。

轉移

轉移是指某個物體或人員自其原有位置移出,例如:一組留在鬆軟、潮濕的土地上的腳印就能表明有人或動物曾經經過。通過研究一個人經過時留在地面的腳印,可以得知他是否光腳行走或者腳上的鞋子已經破舊不堪,再由此推斷出此人的裝備情況。

如何分析腳印

腳印可以表明以下信息:

- 部隊行走的方向和速度。
- 部隊的人數。

● 是否帶有重裝備。

● 士兵的性別。

● 部隊是否知道被跟蹤了。

如果腳印很深且步幅很大（腳印之間的距離長），說明該部隊行進迅速。基於這種推論，若腳印中的腳尖深度比腳跟深，深的越多就表明行動速度越快；如果腳印很深但步幅較短，兩個腳印之間的橫向距離較寬，且能找到拖著腳行走的痕跡，則說明留下腳印的人在負重行走。

通過腳印的尺寸和位置，也可以判斷性別。女性行走時多半是內八字，而男性則大多是直線行走或微微外張。除此之外，女性的腳印大小也比男性小，行走時的步幅也較短。

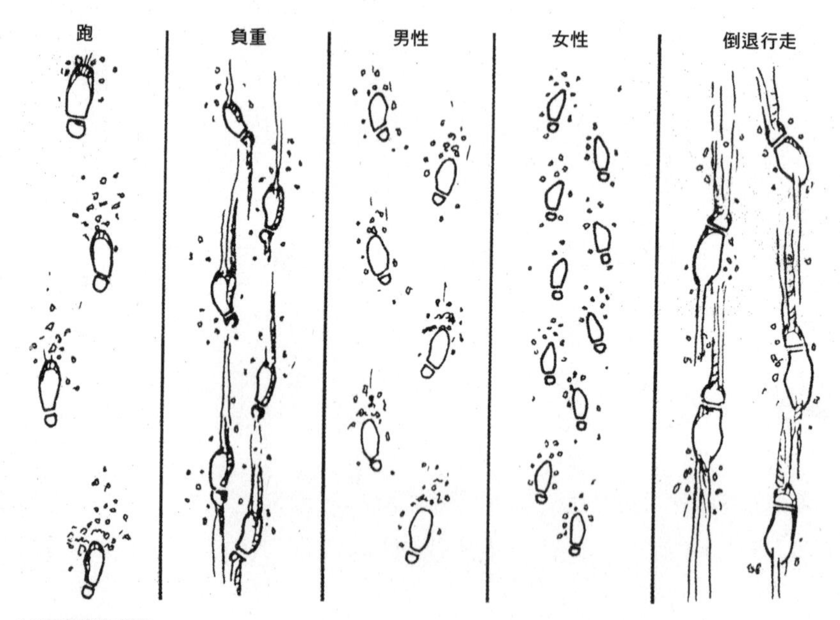

▲不同類型的腳印。

如果部隊成員知道自己被跟蹤了，就會試著朝相反的方向走一段距離以隱藏其蹤跡。但倒著走的人所留下的腳印其步幅較短且不太規則，腳跟位置會比正常行走時的印記更深。同時，地面上也會留下刻意踢過的痕跡。綜合以上的情況，大致可以判定敵軍是利用倒著走的方式來隱藏行進方向。

一般情況下，走在隊伍最後的人留下的腳印最為清晰，所以，這種腳印也叫作關鍵腳印。取一根與關鍵腳印長度相等的樹枝，並在樹枝上標注腳印最寬處的距離，研究關鍵腳印的角度可以確定行進的方向。仔細檢查關鍵腳印上的細節，以獲取更多的信息。如果，隊伍行進的某些足跡變得模糊不清或被毀壞，或是與其他的足跡混雜，這時就可以用剛才準備的樹枝來確認關鍵足跡，以確保繼續跟進後不會偏離正確的方向。

當確定隊伍中的士兵人數時，可以使用矩形計數法。這個方法的具體操作有兩種方式：**步長單位測量法**和**36英吋矩形計數法**。

步長單位測量法是準確率最高的，適用於18人以下的人數測定。

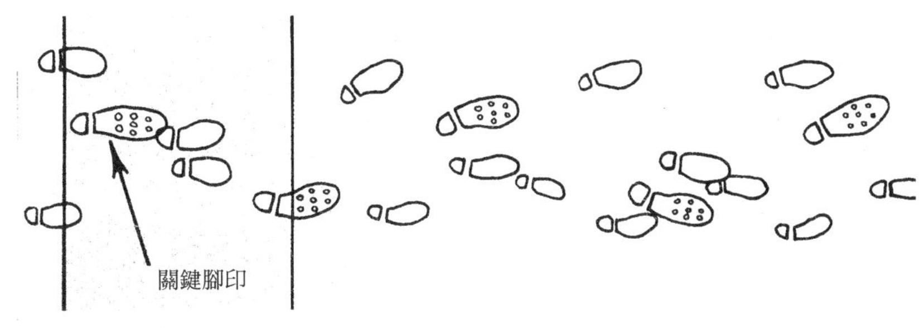

▲步長單位測量法

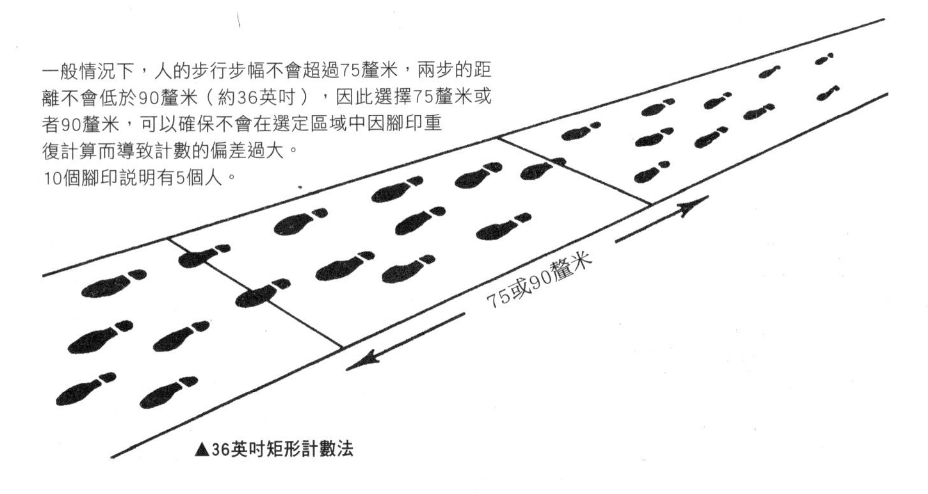

▲36英吋矩形計數法

具體操作為：選擇一個關鍵腳印，並在其腳跟後方畫一條橫穿整個足跡的直線，接著向前移動，找到另一隻腳的關鍵腳印，並穿過其腳背畫一條橫穿整個足跡的直線。足跡的兩條邊線和剛才所畫的直線組成了一個矩形。接下來，數一下這個矩形中的完整或不完整腳印的數量（關鍵腳印只算一次），以確定隊伍中的士兵人數。由於每個正常通過的人至少都會走進這個矩形區域一次，因此得到的數字具有較高的準確性。

使用36英吋矩形計數法來確定士兵人數時，在整個足跡中截取一段長為75釐米（約30英吋）或90釐米（約36英吋）的區域，數一下這個矩形中的腳印數，再除以2便是隊伍的士兵人數了。

其他的轉移標識

腳印並不是唯一的轉移標識，樹葉、苔蘚、藤蔓、樹枝或者石頭的位置改變了也能表明有人或動物經過。當大量的露珠從葉片上滑落；樹枝或石塊被翻動，露出背面或底部的顏色；草或其他植物出現彎曲或折斷都表明轉移發生了。

由於行進時作戰服可能被一些植物刮破，所以在荊棘、帶刺的植物上或是地面上都可能發現被扯下的布片。靴子上所帶的泥土也可能會落在地面上，成為轉移的痕跡。

轉移還可能使鳥類等野生動物從巢穴中跑出來，一些鳥類在受到驚嚇後會發出奇怪的叫聲。在無風的日子，茂密的草叢或灌木林卻突然改變了形狀或位

被翻動過的石頭和樹枝

伏倒的草叢和折斷的樹枝

水邊留下的足跡

▲常見的轉移痕跡

置，這些跡象都能說明有人或動物經過，值得關注。

行進在茂密的植被中，士兵會折斷樹枝以便前行，但同時，也改變了植物原來的位置或形狀。士兵在休息時也會留下一些痕跡：如果將武器放置於地面，就會在地面上留下印記（經驗豐富的人可以通過這些印記辨認出武器的種類和型號）。休息或野營時，人或裝備都可能壓平草叢或折斷樹枝，例如睡覺的士兵可能會壓平身下的植被，由此洩露蹤跡。

在各個地區有著各式各樣的昆蟲。昆蟲的任何反常活動都可能是人類經過的證據，例如：蜂巢被破壞引起蜂群騷亂，或者是撕破的蜘蛛網，這些都是很好的線索。

如果想藉由走水路來隱藏行蹤，也未必能成功。因為水藻和其他水生植物很可能會被粗心的士兵帶上岸。石頭也可能被翻動，露出其反面：比正面顏色稍深或稍淺。走進或走出河流時，很容易在岸邊留下水跡、打滑的痕跡及腳印，或是在岸邊的草木上留下摩擦的痕跡。正常情況下，人和動物都會選擇障礙物最少的路線，因此仔細查看河岸、空曠地帶以及一些容易通過的地區，都可能找到轉移的痕跡。

著色

著色的一個很典型的例子就是傷員留下的血漬。傷員的血漬一般是水滴形的，滴落在地面、樹葉或枝條上。

根據血漬可以判斷傷員的受傷部位：

- 如果血流不止，留下大攤的血跡表明傷口可能在大血管。
- 血跡呈粉紅色、多泡則說明是肺部受傷。
- 血跡量多、色深、黏稠如凝膠則可能是腦部受傷。
- 如果胃部受傷流出的是血液與消化液的混合物，所以血跡色淺、有異味。

當一個人穿著泥濘的靴子經過草叢、石堆或灌木林時，會在這些物體上留下泥痕。研究這些泥痕可以判斷敵軍的行進方向。在石質地上不易留下腳印，但遭到踩踏的草葉可能會留在鞋底進而給地面的石塊染上顏色，由此可為偵察提供線索。除了草葉外，植物的根莖、石頭和藤蔓也可能被踩踏的草葉或破碎的漿果染色，留下痕跡。甚至，在雪地上有時會看到駐紮士兵的黃色尿跡。

有時，染色和轉移是無法準確區分的，因為這兩個動作都會留下一些共同的痕跡。例如：渾濁的河水可以表明不久前有人或動物經過，泥土被踩踏了，攪渾了河水；也可能是沾泥的靴子踏入河水將其染色。

如果在沼澤地發現腳印裡的水質渾濁，則說明不久前有人或動物經過。不久後，水中的泥土就會沈澱，水質會變得清澈。一般來說，一小時後，腳印裡的水質就會澄清了（當然，時間會隨著地形的不同而有所變化），由此可以推斷出腳印大約是多久前留下的。

天氣

天氣既可以幫助跟蹤也可能阻礙跟蹤的順利進行。天氣對痕跡的影響有：提供線索以判斷留下痕跡的時間，但雨、雪、風和陽光同樣可能影響痕跡的存留。

通過研究天氣對痕跡的影響，可以大概推斷出其存留時間，如：鮮血剛滴落時是鮮紅色的，隨著時間的推移，光照和氣流會使血液中的水分蒸發，讓顏色變成深紅色，直至深棕色。類似的例子還有樹木上的刀痕：隨著時間的推移，刀痕的顏色會逐漸加深，從切口處流出的樹液，暴露的時間越長，就會變得越黏稠。

腳印

腳印受天氣影響的很大。當腳踩在鬆軟潮濕的土壤上就會形成腳印。由於泥土是潮濕的，腳印的形狀會成為非常明顯的印記。由於太陽和空氣的影響，水分蒸發，腳印上一些細小的泥土顆粒就會乾燥脫落，掉進腳印裡，使腳印的線條變得圓滑。如果腳印上的泥土顆粒正在脫落，說明腳印是不久前才留下的；如果腳印上的泥土已經乾燥變硬，則說明腳印至少是一小時前留下的。由於各地的天氣和地形迥異，所以此判斷標準僅供參考。

一場小雨就會讓乾硬的腳印再次變得濕潤，因此還需記住上一次下雨的時間，以便得到一個相對準確的腳印生成時間。一場大雨則會清除所有的痕跡。

風對腳印也有影響。除了使腳印變得乾燥，還能將一些垃圾、樹枝或葉片吹進腳印中。需要記住上次刮風的時間，以便推算留下腳印的時間。例如：雖然現在很平靜，但在一小時前曾經刮過一場大風，這些腳印裡的垃圾可能就是大風吹進來的，於是推斷腳印是在一小時前留下的。當然，在使用這個方法前，必須確認腳印裡的垃圾或樹枝等是被風刮進來的，還是在踩下腳印的同時留下的。

值得注意的是，蹚過河流走出的足跡常常與雨天行進時留下的足跡相類似，這是因為濕衣服或裝備上的水會滴落在腳印裡。尤其是縱隊蹚出河流時，每個人身上的水都會滴落在腳印裡，非常像是雨中行軍留下的痕跡。正慢慢變乾的濕漉足跡表明不久前曾有隊伍經過。

風、聲音和氣味

風會影響聲音和氣味的傳播。如果風是從前進的方向吹來，那麼你能聽到或聞到敵軍的聲音或氣味；反之，如果風是從身後吹來的，那麼你所在的部隊的聲音和氣味則很容易會被敵軍所感知，因此，判斷風向非常重要。方法為：抓起一把乾土或草，在肩膀的高度處扔下，觀察土或草的飄落方向。

為了確定某個聲音的來源，將雙手放在耳朵後作收音狀，然後慢慢旋轉身體，當聽到的聲音最大時，所對的位置就可能是聲源方向。

為了掩蓋自己的聲音和氣味，在行進時要盡量逆風。

太陽

行進或戰鬥時，必須考慮到太陽的影響，例如：正對太陽時，強烈的光線會使觀察和瞄準變得十分困難，因此，應盡可能背光行進或戰鬥。

廢棄物

素質差的軍隊在行進時會留下很多的廢棄物，如：口香糖、糖紙、罐頭盒、煙蒂和糞便等。這些廢棄物都可提供有關敵軍近期行動的信息。

天氣會影響這些廢棄物的形狀。例如：雨水會將廢棄物沖走，或將紙質物體變成紙漿；風能將廢棄物吹走；罐頭盒在空氣中會生鏽，先是表面生鏽，慢慢地整個盒子都會被腐蝕。在對這些廢棄物進行分析時，需結合當地最近一次出現降雨或大風的時間，以便推斷留下廢棄物的時間。

偽裝

如果敵軍知道被跟蹤，會使用一些偽裝來隱藏其行蹤，或者故意減慢行軍速度以干擾你的判斷。常用的偽裝方式有：後退行走、清除足跡、選擇石質地面或經水路行進。

敵軍可能會選擇石質路面、熱鬧的馬路或混入過路的百姓中以達到隱藏其行蹤的目的。重點檢查以上路線，因為敵軍很可能已經在附近布設了地雷或進行埋伏，甚至安排了狙擊手。

同時，敵軍也會盡量避免留下痕跡，他們可能會用破布包裹軍靴，或穿上軟底靴，這樣留下的腳印就是模糊不清的。在蹚過河流上到岸邊時，會以縱隊上岸，藉此達到偽裝效果。

如果敵軍知道自己被跟蹤了，就會試著往相反方向走段距離以隱藏蹤跡。倒著走的人其步幅較短且不太規則，腳印的腳尖位置很深。敵軍也可能在地上留下刻意破壞過的痕跡，這是在利用後退隱藏自己的行進方向。

如果敵軍的足跡消失在一條堅硬的路面或石質路前，這時就該仔細檢查這塊區域，力圖找到敵軍走完這條路後的行進方向。即使是最謹慎的士兵走在石質路上也可能會踢到或觸碰到石頭上的地衣或苔蘚，所以還是能夠找到有用的線索。如果線索突然中斷，則應回到上一個線索出現處加大範圍仔細搜尋，直到找到下一個可以跟進的線索為止。

解析、使用情報

在向上級報告情報時，一定要分清楚事實與推論，不要把個人的主觀推論當作事實來彙報。同時報告發現的痕跡，而不是已經存在的不相關事物。

即時使用情報（immediate use intelligence），該術語是指所有關於敵軍的可靠情報，這些情報能被馬上分析和運用，可能給敵人帶來一次突襲，讓敵人手足無措，也可能破壞敵軍的逃跑計劃。部隊指揮官擁有許多情報來源，他將所有的情報綜合在一起分析出敵軍的位置、計劃以及目的地。

偵察兵提供的信息必須清楚明確，使上級可以在第一時間做出反應。例如：當偵察兵報告敵軍單位離我軍有30分鐘距離，向北行進，此刻正在某個位置。聽到報告後，上級會立即指示偵察兵繼續跟蹤並派遣另一支部隊去攻擊敵軍。如果掌握了敵軍的近期活動，上級就可能及時安排埋伏。

偵察隊

你所在的單位可能組建一支偵察隊，它是整個隊伍行進時的先頭部隊或是一個獨立單位。偵察隊的建制和規模可以各有不同，但都應該任命隊長、一個或多個偵察兵，以及為偵察兵提供安全的突擊手。一個標準的偵察隊包括以下人員：隊長、三個偵察兵、三個突擊手和一名無線通信兵。

當偵察隊行進時，最好的偵察兵應該居於最前，緊隨其後的是他的突擊手。另外兩名偵察兵在側翼位置行進，各自的突擊手緊隨其後。隊長應該處在利於控制偵察隊的位置，在隊長旁邊的是無線通信兵。

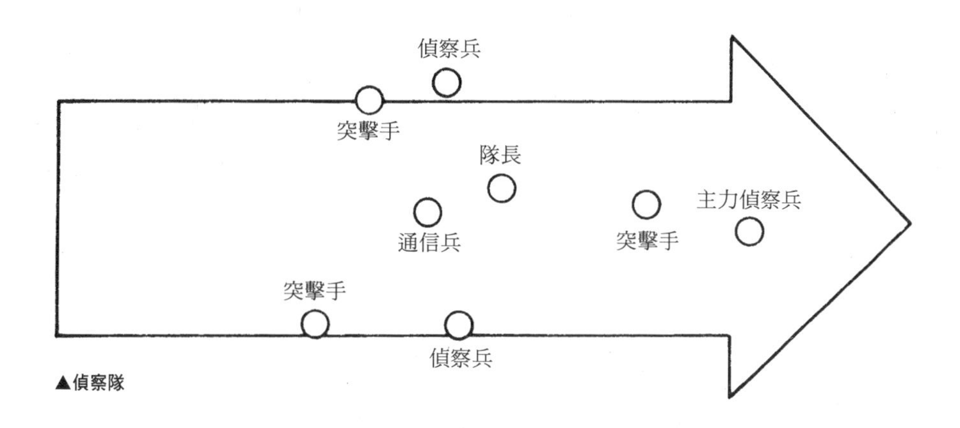

▲偵察隊

偵察犬

偵察犬可以協助跟蹤敵軍。偵察犬受過專門的訓練，由馴化兵管理。其優勢在於它敏銳的嗅覺，可以根據氣味追蹤到敵軍。

在執行偵察任務時，可以要求偵察犬加入偵察隊。偵察隊找尋看得見的線索，偵察犬和馴化兵則緊隨其後。當偵察隊失去線索時，偵察犬便根據氣味繼續追蹤。偵察犬的速度快於人類，且能在夜間跟蹤敵軍。

為了更好地執行任務，馴化兵要教會偵察犬不能吠叫，也不能從隊伍裡擅自離開，還要學會避開誘餌和除臭劑。

反偵察

在知道如何對敵軍進行跟蹤後，還必須掌握反偵察技能。以下講述的是一些基本的反偵察技巧：

- 由一個封閉地形轉移到空曠地帶時，先經過一棵預先選定的大樹（直徑至少為30釐米），並向空曠地帶行進3～5步，然後再回到大樹正前方，然後向90°方向繼續前進。行進時保持謹慎，盡量不留下痕跡。如果剛才前進的位置並不是你的目標方向，則在50米左右再次改變方向。此方法的優點在於可將敵軍偵察兵引到不易進行偵察的空曠地帶，使其暴露，誤導他在錯誤的區域進行偵察。
- 向一條道路行進時，在距離它100米左右的地方改變行進方向，以45°方向行進。到達道路時，沿著道路繼續前進20到30米，邊走邊故意留下一些痕跡。然後轉身沿著道路往回走，一直走到之前到達該路的位置。然後穿過道路，在原到達點對面以45°方向行進100米。當再次回到最初行進的路線時，運用上一段所提到的大樹技巧

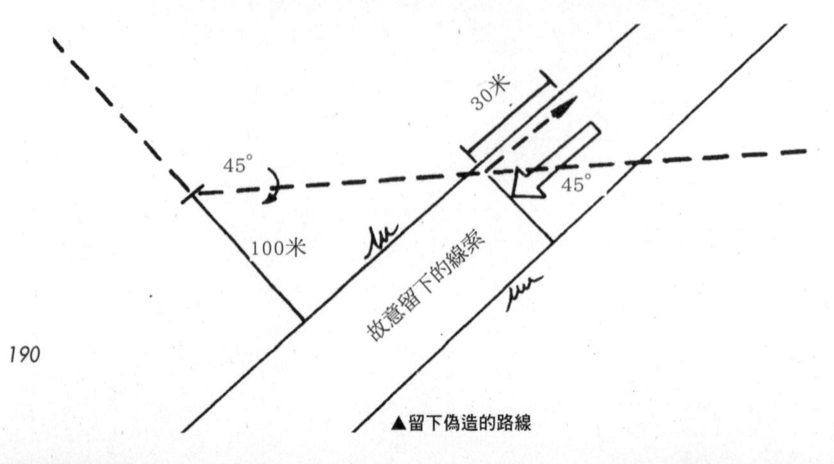

▲留下偽造的路線

（利用大樹改變行進方向）前進。本方法的目的是誤導敵軍，使其沿著錯誤的路線追蹤。

- 為了偽造路線，使敵軍選擇錯誤的方向進行追蹤，可在鬆軟的地面以倒退的方式行進，並留下足跡。每行進20到30米執行上述的操作一次，直到踏上了堅硬的地面。在蹚過河流上岸時，可以使用這個技巧，如果希望達到更好的效果，可以在真正上岸之前，反覆操作上述技巧。

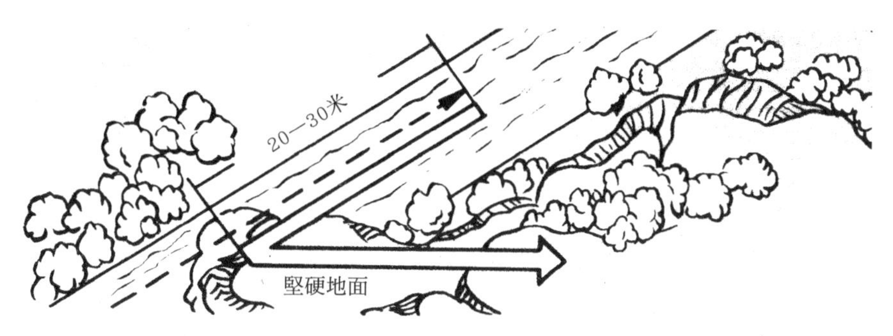

▲河流、小溪是極好的掩蓋行蹤的路線，但要處理好上岸點的痕跡。

- 向一條河流行進時，在距離100米左右的地方改變行進方向，以45°角繼續向河流行進。到達該河流時，在河水中向下游前進20到30米，然後轉身向上游前進至最初下河處的對面即可上岸。在下河之前改變行進的方向可以迷惑偵察兵，當他沿著錯誤的路線蹚過河水，再上岸時，會發現線索已經中斷。這項技巧非常有效，足以把敵軍遠遠甩在後面。

▲過河

● 如果行進路線正好與一條河流平行，則可以利用這條河流來誤導敵軍偵察兵，以下就是一些規避敵軍的戰術：

①在河流的中間和深水處前進100到200米距離。

②尋找岸邊是否有露出的、較大的植物根部或石塊，其表面不要有地衣或苔蘚。找到合適的位置後，踏著植物根部或石塊上岸。

③倒著走，在鬆軟的地面留下足跡。

④向上通過一條植被茂密的支流。

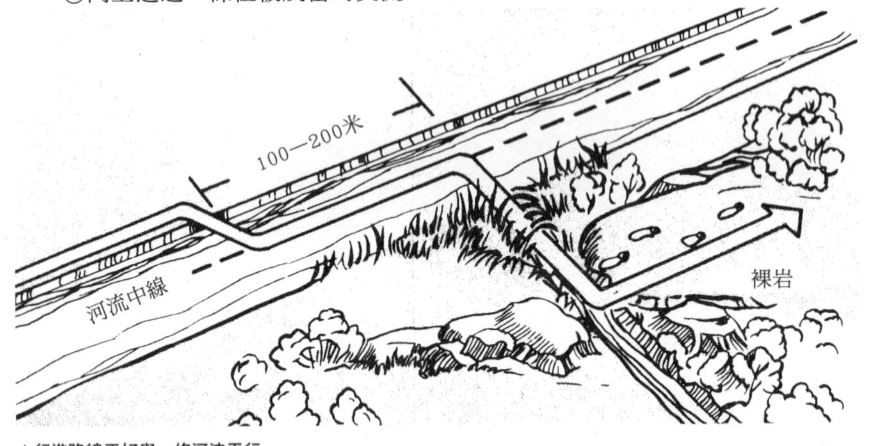

▲行進路線正好與一條河流平行。

●發現被敵人跟蹤時，最好的策略就是要麼將其遠遠地甩在身後，要麼原路返回伏擊敵軍。

第14章

生存

在連續的戰鬥和快速行軍過程中，士兵很容易與隊伍失散。失散後的首要任務自然是盡快返回。

本章將介紹一些技巧以幫助失散的士兵盡快與原單位會合。

關鍵詞：生存、抵抗、安全

生存

生存是指依靠有限的資源活下來。當士兵與部隊失散、成功地躲避敵人的搜捕或成為戰俘後，必須想盡一切辦法生存下來。要想生存就需知道要如何獲取食物和照顧自己。

躲避

躲避是指失散的士兵採取適當的措施，避免在敵佔區被俘虜。以下講述的措施能夠幫助士兵避免被敵人俘虜，並找機會與原單位會合。

①待在原地等待友軍找到自己：執行該措施的前提是，確定友軍會在該區域行動，在該區域周邊有大量敵人時會採用這種方式。

②找到合適的機會向友軍陣地前進：執行該措施的前提是，知道友軍的位置，且敵人的隊伍較分散，便於之後的行動。

③在其他措施不可行的情況下，可以選擇一個暫時行動，即深入敵後，暫時採取游擊戰的策略。如果該區域的敵人數量不多，或者在此區域有極大的可能性與友軍相遇，那麼就不失為不錯的策略。

④還可以將以上的措施結合在一起，根據實際情況加以運用，例如：可以待在原地，一旦敵人由該區域撤離，立刻去友軍駐地尋求幫助。

為了保護自己的安全，不被敵人俘虜，可能必須獨自殺死、擊暈甚至俘虜敵人。在進行這些活動時，使用步槍和手槍都會發出巨大的聲響，為了不驚動敵人，應使用以下武器：

- 刺刀
- 絞索（帶手柄的繩子）
- 棍棒

無論是白天還是黑夜，使用這些不會發出巨大聲響的武器都需要高超的格鬥技能和隱蔽技術。

抵抗

美軍的傳統觀念和基本原則會要求士兵在戰鬥中堅持不懈、永不放棄。但在已經或可能被捕的情況下必須堅持以下的操守：

- 永遠不要放棄追求自由的理想，永遠不要忘記自己是為自由而戰的美國人。
- 只要還有抵抗的決心和意志，指揮官就必須配合、支持士兵的抵抗行為。
- 被俘時，不放棄任何脫身的機會，並協助其他戰俘逃脫。
- 如果被俘，不接受敵人的特殊優待。
- 如果被俘，不向敵人承諾放棄逃跑。
- 如果被俘，不做傷害戰俘同伴的事。
- 如果被俘，可以向敵人提供姓名、軍銜、編號及出生日期。但要盡力避免回答其他問題，且不發表任何不利於國家及盟國的口頭或書面聲明。

逃脫

逃脫是指在被俘後逃離敵人軍營或監獄的行為。

被俘初期是最好的逃跑時段，因為那時士兵的身體狀況應該是最好的，有足夠的體力逃跑。戰俘的配餐往往僅夠糊口，保證基本的生存需求；且戰俘所能得到的醫療有限，這些都容易使士兵身體虛弱，甚至患上夜盲症，失去協調能力和基本的判斷能力。

其他盡快逃脫的原因在於：

- 友軍的火力或空中打擊能為順利逃脫創造有利條件。
- 戰場上看管戰俘的第一批士兵通常不及後方的看守訓練有素。
- 看管戰俘的第一批士兵很可能在戰鬥中受過傷。受到傷痛折磨的士兵容易降低警惕性。
- 剛剛被俘時，對當地地形相對熟悉，便於選擇合適的逃脫路線。
- 在敵人注意力分散時，盡快逃跑。

逃離敵人軍營後，即使你知道友軍的所在位置，與其聯繫也非易事。在聯繫友軍前，應該先安排好時間，夜晚是逃離敵佔區的絕佳時機，爭取黎明時到達友軍陣地。在黎明尚未到來之際，可以先找一個深溝或洞穴就地隱藏。當黎明來臨時，可以通過揮舞白色衣服或反光的玻璃片，甚至通過叫喊等方式與友軍取得聯繫。引起友軍注意時，大聲告訴他們你的名字和軍銜，並請求他們接納，在獲得允許後，方可前往友軍陣地。

安全

戰鬥時，必須隨時注意安全，並不惜一切代價保證自己和戰友的安全。以下是一些保證安全的基本原則：

- 時刻保持清醒和警覺。
- 保持合體的著裝，隨時準備戰鬥。
- 武器不使用時，將其妥善保管。
- 使武器裝備隨時保持良好的狀態。
- 使用偽裝。
- 盡量不要四處移動，保持安靜。
- 盡量在我軍控制線以內偵察敵情。
- 盡量不使用燈光。
- 不要將行動計劃寫在地圖上。
- 不要將寫有行動計劃或安排的便條或文件帶進戰場。
- 不要將個人物品帶進戰場。
- 不要隨處亂扔垃圾。
- 將武器裝備固定好，防止因碰撞而發出聲響。
- 嚴格使用口令進行盤問和應答。
- 不要將軍事信息洩露給陌生人。
- 牢記士兵行動手冊中的各種要求。

第15章

武器和火力控制

作為一名士兵必須知道如何使用武器和控制火力。本章內容將包括武器的操作和開火時的注意事項，以及火力控制。

關鍵詞：彈道、開火注意事項、火力分配、射程、火力控制

彈道特性

彈道是指彈頭從擊發到擊中目標這個過程中的飛行軌跡，分為內彈道和外彈道。內彈道為彈頭在槍管內的運動軌跡，外彈道為離開槍管後的飛行軌跡。這裏要談的是外彈道。

在300米內，步槍的彈道幾乎是平的。隨著射程的增加，射手必須抬高槍口，以便使子彈的「落點」準確命中目的。

由於榴彈的出膛速度低，榴彈發射器所需的彈道要更高。但在150米內，依然能射出一條平直的彈道。150～350米距離的目標就必須將榴彈發射器的射擊俯仰角抬高20°，由此也升高了彈道並延長了榴彈擊中目標所需的時間。遠距離引起的時間延長以及彈道升高可能導致榴彈的運動方向偏離預定目標，對此榴彈射手需特別注意並採取相應的補救措施。

危險區

危險區是指武器向目標射出彈藥後，彈道還未升至人站立時的平均高度（1.8米，歐美標準）時所對應的區域。危險區也包括命中區。

死角

雖在武器的射程範圍內，但因彈道緣故而無法到達的區域叫作死角。

▲死角

集束彈道

集束彈道是由全自動射擊時的彈頭軌跡形成的。由於武器的震動、天氣因素以及彈藥差異，每發彈藥的彈道軌跡也不盡相同，這一系列彈道形成了一個錐形範圍，即為集束彈道。

▲集束彈道

命中區

形成集束彈道的彈藥落在地面上時覆蓋的區域，叫作命中區。

▲命中區

殺傷半徑

殺傷半徑是指彈藥打擊的範圍。在此範圍內，士兵會因為彈藥的巨大衝擊波或飛濺的彈片而受傷或致死。

射擊的分類

根據射擊時彈道與地面的距離和射擊目標的角度不同，射擊可以分為以下幾種。根據彈道與地面的距離可分為以下兩類：

- **低伸射擊** 當射出的大部分彈頭軌跡與地面距離不足1米時，此射擊叫作低伸射擊。

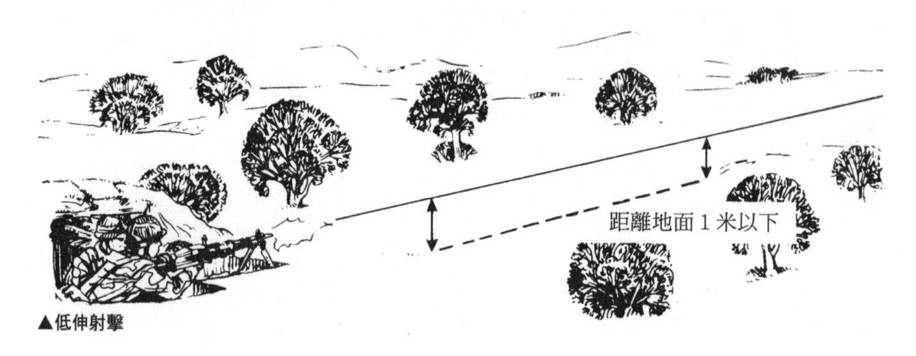

▲低伸射擊

- **俯仰射擊** 除命中區末端外，射出的大部分彈頭軌跡都高於普通人站立時的高度，此射擊叫作俯仰射擊。在進行長距離的射擊時，由高地向低處射擊以及向山坡射擊都屬於此類。

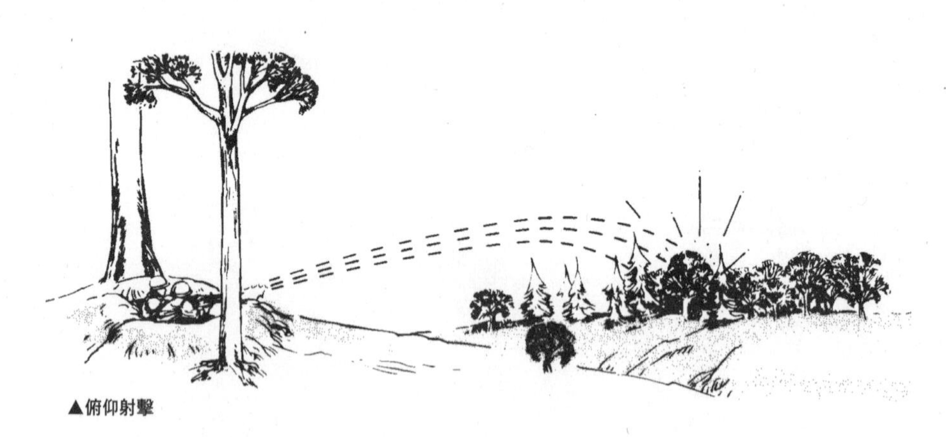
▲俯仰射擊

根據射擊目標的角度不同，射擊可分為以下四類：

●**正面射擊** 正對目標迎頭開火。

▲正面射擊

●**側翼射擊** 正對目標的側翼開火。

▲側翼射擊

●**斜向射擊** 與敵人行進方向成45°角的射擊。

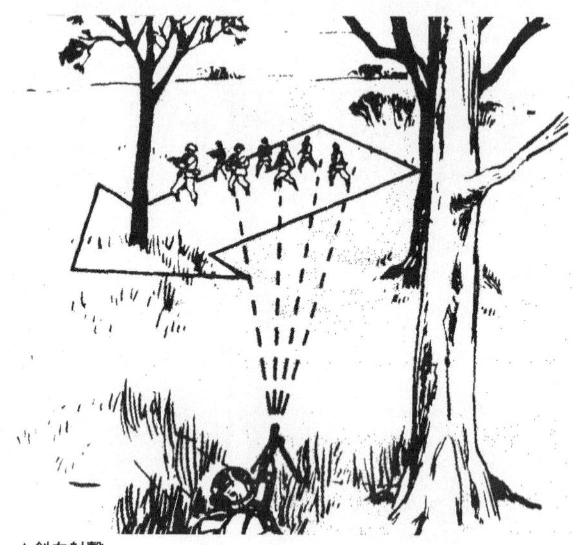

▲斜向射擊

●**縱向射擊** 當命中區的集束彈道軸向與目標區的隊列方向一致時，這樣的射擊叫作縱向射擊。縱射既可能是正面射擊，也可能是側翼射擊。因為充分利用命中區的緣故，縱向射擊的命中率很高。

▲縱向射擊

火力壓制

火力壓制是指利用持續的火力攻擊，使對方暫時或長期喪失觀察、移動、還擊的能力。火力壓制可以通過直接或間接手段實現。對敵軍施放煙霧，或使其還擊效能低下也屬於火力壓制。

火力分配

在對敵軍陣地開火時，指揮官會將整個部隊的火力進行配置優化，以實現對敵軍的有效打擊。火力分配的方式有：點打擊和面打擊。

- **點打擊** 士兵對同一目標點進行射擊，例如：以整個作戰小隊的火力向一個地堡射擊。

▲點打擊

- **面打擊** 士兵對一塊目標區域進行覆蓋射擊。例如：在執行對一排樹叢開火的任務時，指揮官會先射出一顆曳光彈以標明樹叢的射擊中心點，接著，他會命令其左側的士兵向樹叢射擊中心點的左側區域射擊，其右側士兵則向樹叢射擊中心點的右側區域射擊。這種射擊能迅速、有效地摧毀整個目標區域。

▲面打擊

進行面打擊時，士兵的射擊方向應是疑似敵軍陣地的方向而非一個籠統的區域。射擊時，首先射擊與自己位置相對應的目標區域，接著再以初次射擊的位置為中心在其周圍幾米的範圍內左右掃射。

自動步槍手

由於自動步槍具有自動進彈、連續擊發的全自動射擊能力，所以一名自動步槍手甚至可以用火力覆蓋整個目標區域。射手在使用自動步槍進行連發射擊時，其瞄準位應稍低於正常點射狀態，這樣才能保證盡可能多的彈頭命中目標。

機槍手

作為一名機槍手必須嚴格按照上級指示，對分配目標進行射擊。

反坦克武器手

作為一名反坦克武器手必須按照上級指示，對分配目標進行射擊。反坦克導彈只能用於裝甲目標及其他關鍵的堅固目標，如果沒有合適的目標反坦克武器手應使用步槍進行射擊。

擲彈手

戰鬥時，擲彈手應將第一個手榴彈或槍榴彈向目標中心投擲或發射，接著再向其他位置投擲或發射榴彈。

火力控制

在戰場上，士兵的開火射擊是由上級控制的。但由於戰場上十分嘈雜，所以上級必須使用多種方式來傳達火控指令。以下列舉的是常見的傳達方式：

聲音 聲音傳達包括利用嗓音，或一些發音設備（如口哨、號角）進行指令的傳達。以聲音傳達指令一般只適用於短距離，其準確性容易受到距離、戰場聲音、天氣、地形和植被的影響。使用聲音來傳達指令既可以是上級直接對士兵下達命令，也可以由士兵之間相互轉達命令。

預先設定好的開火指令 在戰鬥前指揮官可以事先通知士兵，如敵軍行進到某個地點或地形時，即可開始射擊。以這種方式下達指令可以節省時間，因為士兵不必在開火前等候指揮官的命令。

士兵自由射擊 情況緊急時，士兵可以在沒有上級指令的情況下開火。

標準操作程序(SOP) 為了減少口頭傳達指令，可以使用標準操作程序。該程序是每名士兵都必須掌握的。程序分為三類：搜尋→開火→核實程序、還擊開火程序以及射速程序。任何一個下達開火命令的程序都可以叫作標準操作程序。

以下是搜尋→開火→核實程序的步驟：

- **第一步** 搜尋任務目標區域。
- **第二步** 射擊任何任務目標區內的目標（使用合適的武器）。
- **第三步** 射擊時，保持與指揮官的眼神交流以核實射擊目標。

還擊開火程序是指示士兵在遇到埋伏或受到突襲時應該如何應對。各個作戰單位可能採取不同的還擊開火程序。

射速程序是指對敵人進行射擊的速度的一個規定。儘管射擊速度受武器種類的影響很大，但普遍規則是：初次射擊時以武器的最大速度射擊，然後減緩速度，但依然要對敵軍的行動起到震懾作用。這個規則可以保證在取得對敵人的震懾的同時，彈藥不會很快耗盡。

射擊命令

為了使士兵明確射擊目標和實現火力控制，部隊指揮官會下達射擊命令。

一個完整的射擊命令包括以下六個部分：

①警報（提醒射擊者）

②射擊方向

③目標描述

④距離

⑤射擊方式

⑥開火命令

警報 發出警報引起相關人員的注意，指揮官會通過直呼士兵名字、軍銜或眼神交流等方式提醒相關士兵注意接下來的命令。

射擊方向 告訴士兵目標的方位。以下介紹幾種指示射擊方向的方法：

- 指揮官可以直接用手或步槍指向目標方向，這可以讓士兵瞭解目標的大致方位。
- 在指揮官指出目標的大致方位後，可用曳光彈射擊目標以準確標出位置。
- 指揮官還可以使用預先標定的參照物指出目標位置。參照物後緊跟著一個數字，以保證描述的準確無誤。例如：13號參照物向右50，其意義為「目標在13號參照物向右50米處」。

目標描述 指揮官應該準確、簡短地描述目標，例如：樹叢中的機槍手。

距離 我軍與目標間的距離。通常以「米」為單位。

射擊方式 指示誰來執行任務以及射擊時使用的彈藥數量。例如：指揮官希望某個擲彈手對目標投擲3枚手榴彈，則會下令：「擲彈手，3枚手榴彈」。

開火命令 下達開火命令時，可直接以口頭命令發出，也可以使用視覺或聽覺信號。如果指揮官需要控制開火的準確時間，他就會說：「聽我的口令（稍作停頓，直到一切就緒），開火。」如果只是要求在命令後開火，則會直接下達命令：「開火。」

視覺信號是最常用的下達開火命令的方式。在確認所有士兵的視野範圍的前提下，指揮官可以通過手勢語、揮動手臂等來下達開火命令。指揮官可以使用照明彈或煙幕彈等視覺信號來下達開火命令。指揮官也可以先開始射擊，以此作為信號命令士兵隨之射擊。

第16章

戰地應急反裝甲策略

在對付敵人的坦克和裝甲車輛時，輕型反坦克火箭筒（LAW）、反坦克導彈、地雷以及高爆多功能榴彈等，都是非常有效的武器。但如果無法獲得上述武器，就不得不尋求權宜之計——尋找反裝甲武器的替代品。

關鍵詞：反裝甲、替代品、薄弱區域

反裝甲武器替代品

為了製作反裝甲武器的替代品，必須掌握引爆、引燃的技能。

燃燒裝置

這類裝置的功能在於干擾敵人的視線，使敵人的裝甲車輛著火。車輛一旦著火就會產生大量的濃煙以及高溫，如果車輛上的人不棄車逃生的話很可能會窒息或被燒死。

●**燃燒瓶** 由一個易碎的容器、汽油、布條做的引線所構成。具體的製作方法為：取一個玻璃瓶，注入汽油（不可太滿，以防投擲時濺出），最後在瓶口塞入布條做成引線即可。注意：引線兩端都必須用汽油浸透。使用時將引線點燃，將其擲向敵人的車輛，在燃燒瓶破碎的同時，汽油被引燃，燃起的大火則會引燃車輛。

以上是最簡單的燃燒瓶。如果希望燃燒的附著力更好，可在汽油中摻入一些可提高附著力的東西，如機油、黃油、瀝青、松香、麵粉、黏土等；如果希望火焰不要輕易被撲滅，可在汽油中摻入一些氧化劑，如濃硫酸；如果希望火焰溫度更高一些，可在玻璃瓶外捆紮一些鋁粉或鎂粉。這樣一來，燃燒瓶的威力會非常驚人。

▲燃燒瓶

●**鷹式火球** 由彈藥盒、汽油機油混合物、白磷手榴彈、導火索、帶子、火雷管、引燃器以及抓鉤（如果沒有抓鉤，可用彎曲的鐵釘替代）所構成。作法為：往彈藥盒裡注入汽油與機油的混合物，將導火索纏在手榴彈上，並將火雷管固定在導火索的末端，將處理好的手榴彈放進彈藥盒。確保手榴彈上捆紮的導火索有露出罐子，如果彈藥盒需要封閉，可在盒頂鑽一個小孔，將導火索穿過小孔露出彈藥盒外。最後，在盒子上安裝一個抓鉤或幾枚彎曲的鐵釘。使用時，點燃引燃器後，藉由抓鉤或彎釘將彈藥盒固定在敵人的車輛上。

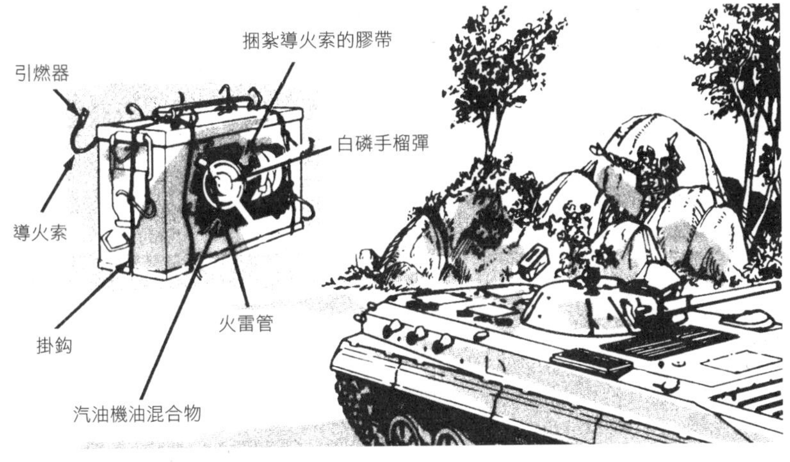

▲鷹式火球

●**鷹式燃燒袋** 由塑膠袋或橡膠袋（如防水袋）、汽油機油混合物、煙幕彈、高爆槍榴彈、帶子、繩索構成。作法為：在袋子裡注入汽油機油混合物，將袋子的末端用帶子或繩索紮緊；將煙幕彈和高爆槍

▲鷹式燃燒袋

榴彈用繩索或帶子捆綁在袋子上，注意！要留出榴彈的保險桿，不要捆住，最後，繫條繩子在兩個保險桿上。在擲出燃燒袋的同時，拉動繩子，拽出榴彈的保險桿。

爆炸裝置

可用爆炸裝置攻擊坦克和裝甲車輛的薄弱區域，引起損壞或彈藥誘爆，實現對敵人的打擊。

▲陶式藥包

●**陶式藥包** 主要構成為繩索、地雷或炸藥、電子起爆雷管、帶子、引爆電線。具體作法為：用繩索將幾個反坦克地雷捆在一起，如果沒有地雷可以改用由10到20千克炸藥所組成的板式裝包；再將繩索的一端固定在敵人將要通過道路上；另一端穿過道路固定在安全區域，在安全區域放置陶式藥包。在每一枚地雷或板式藥包上固定一個電子引爆裝置，並將整個系統與引爆電線相連；接著再將電線與固定於安全區域的繩索連接，並在安全區域對電路進行檢查；最後再將電線的另一端與電爆機連接。

當敵人的坦克或裝甲車靠近陶式藥包時，迅速將藥包拉到道路上，這樣便能在車輛駛上藥包的瞬間將藥包引爆。

●**桿式藥包** 主要構成有繩索、炸藥（TNT或C4）、火雷管、帶子、導火索、引燃器以及一根足夠長的木桿。具體作法為：將適量的炸藥與兩個火雷管固定在一起。將炸藥綁在一個木板或平坦的物體上，炸藥量由計劃摧毀的目標來決定。最後，將綁好的炸藥固定在木桿上。導火索的長度約為15釐米。在投擲桿式藥包前，拉燃引燃器。桿式藥包的最佳投擲位置在坦克炮塔下方、發動機艙上方、懸掛系統內，以及主炮管內（只有當裝藥的尺寸小到能進入炮管的時候）。

▲桿式藥包

●**普通炸藥包** 主要構成為炸藥（TNT或C4）、火雷管、帶子、導火索、引燃器及任何可用的小包（例如空沙袋等）。作法為：將適量的炸藥裝入包內，並與兩個火雷管固定在一起；用繩索或帶子將包紮緊即可。捆紮時注意要露出引燃器。在將炸藥包擲向敵人時，拉燃引燃器。

▲普通炸藥包

裝甲車輛的薄弱區域

為了讓應急反坦克武器能取得滿意的打擊效果，必須非常瞭解裝甲車輛。以下將介紹坦克的薄弱區域：

●懸掛系統

●燃料箱（尤其是外置式燃料箱）

●發動機艙

●坦克炮塔座圈

●側翼、頂部和後部的裝甲

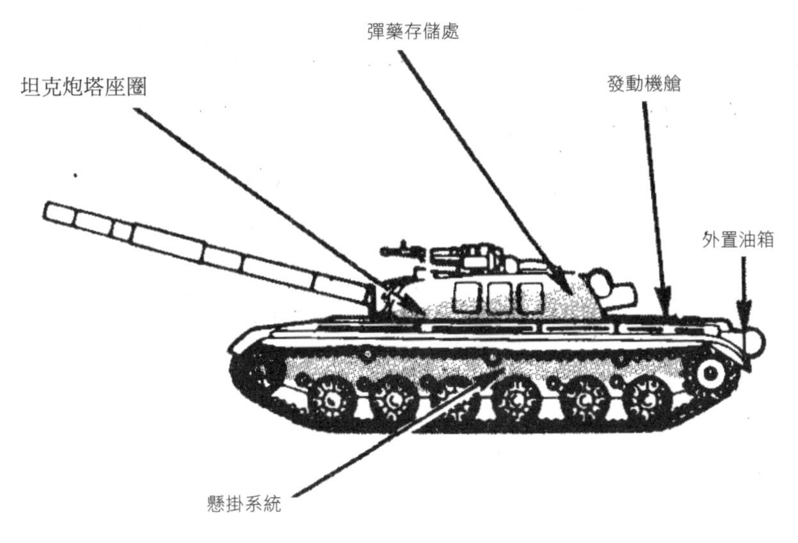

▲注意：裝甲車輛的薄弱區域因車型而異。

▼坦克頂部為薄弱區域

第17章

射程卡

射程卡是用來標識陣地周圍地形地物的記錄卡。在防禦作戰時，只要條件允許，就應對班組自動武器、M60通用機槍、12.7毫米口徑機槍、反坦克導彈、火箭筒和無後座力炮等火器繪製射程卡。

關鍵詞：射程卡數據、繪製M60機槍射程卡、12.7毫米口徑機槍射程卡、反裝甲武器射程卡

射程卡內容

射程卡描述了以下的信息：

●射界

●最後攔阻線及主要的射擊方向

●地形特徵

●武器標識

●圖廓數據

反坦克武器的射程卡標注的是目標參考點，而非最後攔阻線或主要射擊方向。

射界

射程卡上要標明每一種槍械的主射界和次射界。只有在主要射界已無目標或上級下達命令時，才能向次要射界的目標物射擊。槍械的主射界包括最後攔阻線和主要射擊方向或目標參考點。

最後攔阻線

如果地形條件允許，指揮官會為士兵分配一條最後攔阻線。當敵人進至最後攔阻線內，士兵便以低伸火力射擊，發揮最大射擊火力。在沒有其他射擊目標時，通常會把槍指向最後攔阻線或主要射擊方向上。

死角

射程卡上要標明直射武器無法擊中的死角，例如：房屋或山坡後方的區域以及溝渠、凹地。

主要射擊方向

如果地形地物條件不允許劃定最後攔阻線，指揮官會為士兵指定主要射擊方向。該方向應該是正對士兵所在位置的一個溪谷或溝渠。槍口所指的是敵人最可能到達士兵所在位置的方向，而非連排的防禦方向。

目標

射程卡上應該還會標注指揮官認為在士兵射界內最可能出現敵軍的區域。

目標參考點

在射界內可讓士兵快速確定的自然或人造的特徵就叫作目標參考點。大多只標注在火箭筒、反坦克導彈等武器上，但有時也會標注在一般火砲的射程卡上。

最大接觸線

超過最大接觸線的目標是士兵無法有效殺傷的。最大接觸線可能小於武器的射程，主要標注在反裝甲武器的射程卡上。地形和武器的有效射程是決定最大接觸線的關鍵因素。

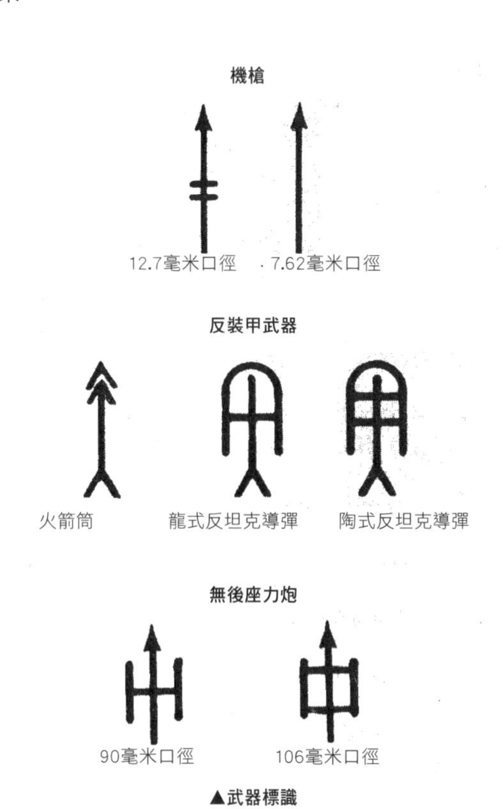

▲武器標識

繪製 M60 機槍射程卡

一旦到達作戰位置就應立刻繪製射程卡。繪製M60機槍射程卡的步驟為：

- 先用一張白紙進行構思，如何將主要射界和次要射界（如果已分配）清楚表示出來。
- 在白紙上繪製士兵所在位置前方的地形草圖，並標出任何自然的或人造的顯著物體，這些物體可能會成為日後的目標。
- 將士兵的所在位置繪製在底部，不用標明武器標識。
- 使用指南針確定磁北，並用箭頭標注在頂部。
- 填寫以下資料：

  槍號（或班組編號）

  作戰單位（只填寫排和連）

  磁北箭頭

- 參照顯著的地形特徵，如山峰、道路交匯處或建築物等，確定士兵的武器位置。如果沒有顯著的地形特徵，可用士兵所在位置的八位數地圖坐標系確定武器的位置。如果在距離武器1,000米內有顯著的地形特徵，便可借助該特徵。

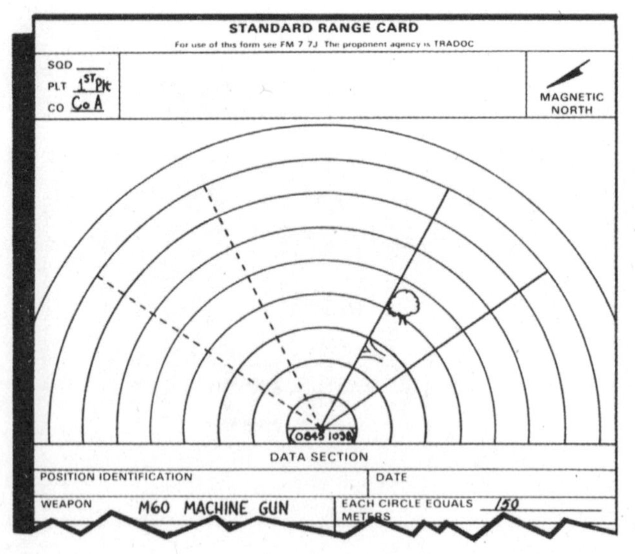

◀射程卡

- 以指南針確定此地形特徵到武器位置之間的方位角（以密位為單位，加上或減去3,200密位則得到武器和該地形特徵之間的方位角數據）。
- 利用測距法或從地圖上算出此地形特徵到武器位置之間的距離。
- 在射程卡的左下或右下方（根據地形特徵的方向來選擇）勾勒出顯著的地形特徵並標注清楚。
- 用一根射線將地形特徵與武器位置連接起來。
- 在射線上方以米為單位，標明地形特徵與武器位置之間的距離。
- 在射線上方以密位為單位標注地形特徵與武器位置之間的方位角。

標有最後攔阻線的主射界

在射程卡上添加上級指定的最後攔阻線：

- 在射程卡上先畫出上級指定的主射界。
- 再在主射界的界限上畫出指定的最後攔阻線。
- 在確定最後攔阻線上的死角位置時，讓戰友沿著最後攔阻線探查，邊觀察邊標注低伸火力無法擊中的區域，這就是死角。
- 在主射界區域上按照優先順序標出所有目標。

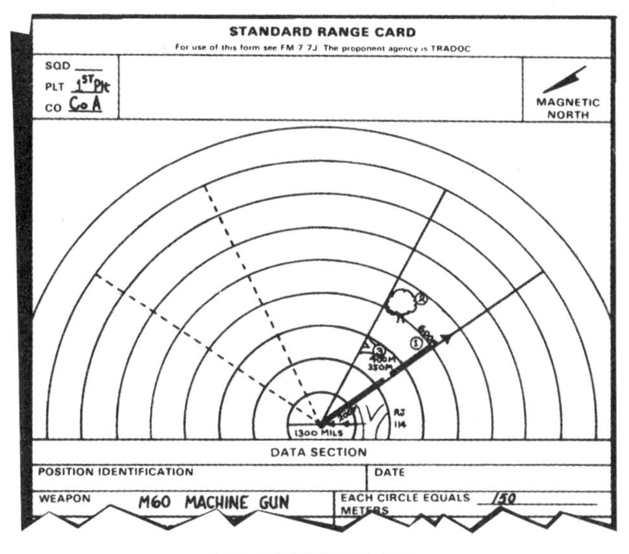

▲標有最後攔阻線的主射界

標有主射擊方向的主射界

在射程卡上添加上級指定的主要射擊方向：

●先在射程卡上畫出上級指定的主射界界限，射界不得超過875個密位（架設三腳架的M60的最大射擊扇面）。

●在主射界內畫出目標，並注明武器標識。主要射擊方向是最先畫出的目標，其他目標根據優先順序依次畫出。

●如果指定了次射界，那就得在射程卡上畫出來。用虛線繪出次射界後，將射界內的所有目標都標注出來，並寫上到每個目標的距離。如果要使用到瞄準樁，也需標注在射程圖上。

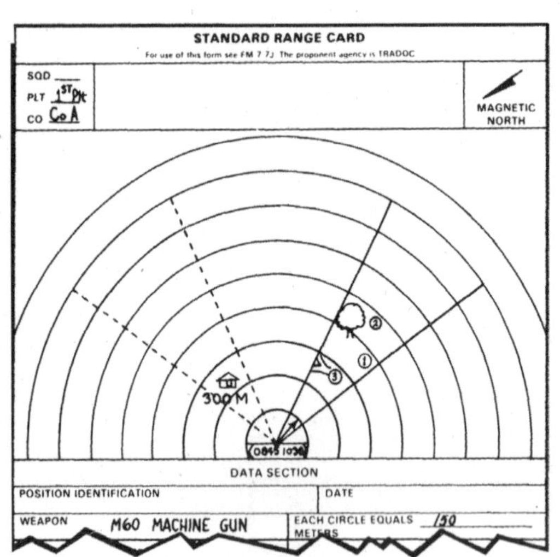

▲標有主要射擊方向的完整射程卡。

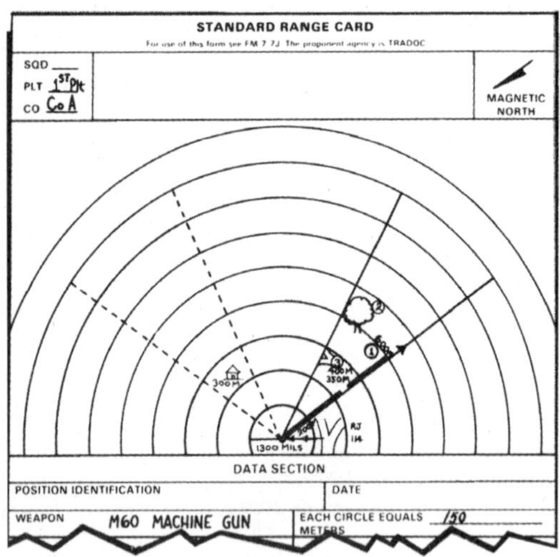

▲標有最後攔阻線的完整射程卡。

M60 射程卡上的數據表

射程卡上的數據表裡羅列了很多重要的參數。儘管射程卡的繪製不要求精確比例，但數據卻必須準確無誤。數據表的標注位置比較隨便，可以標注在射程卡的背面或草圖下方的空白處。在標注數據表時，可按以下項目製成表格。

備注欄

用於記錄關於目標的一些補充信息，具體資料為：

●將目標的寬度和長度記錄在備注欄裡，是以「密位」為單位。例如：-4 這個數字表示，只有當槍管高度降低 4 密位，射出的彈藥才能落在最後攔阻線以內。

编号	方位	海拔	距离	描述	备注
1		+50/3	600	FPL	-4
2	R 105	+50/40	500	LONE PINE	
3	L 235	0/28	350	TRAIL JUNCTION	W15/L7

▲數據表

●記錄目標寬度的應該是兩組數據，如下方的「完成的數據表」所示：三號目標的寬度為15密位；第二個值L7代表的是瞄準好目標後，如果向左移動 7 密位，就會瞄準到目標的左側。

●如果使用瞄準樁，也需將相關數據記錄在備注欄內。

●如果槍支是安裝在兩腳支架上射擊，無法確定次射界的數據。

DATA SECTION

EACH CIRCLE: 150 METERS

NO.	DIRECTION	ELEVATION	RANGE	DESCRIPTION	REMARKS
1		-50/3	600	FPL	-4
2	R105	+50/40	500	LONE PINE	
3	L 235	0/28	350	TRAIL JUNCTION	W15/L7

▲完成的數據表

12.7 毫米口徑機槍的射程卡

12.7毫米口徑和M60機槍射程卡的差異：

- 12.7毫米口徑機槍的橫向移動距離為800密位，而M60機槍為875密位。
- 12.7毫米口徑機槍的最大低伸火力為1,000米，而M60機槍為600米。
- 12.7毫米口徑機槍有次射界，但由於該機槍沒有兩腳架，所以必須使用瞄準樁進行標注。

反裝甲武器的射程卡

反裝甲武器射程卡的功能在於提供其火力控制範圍內的地形地物特徵和顯著的標的物。反坦克導彈、無坐力跑、火箭筒其射程卡的繪製流程是相同的。射程卡可以幫助士兵準確且快速地瞄準目標。在繪製射程卡前，上級會指示武器的配置位置，以達到對指定區域的最佳火力控制。上級還會給士兵劃分射界，或根據地形地物特徵和方位角來指明左界限和右界限。如果情況需要，還會給士兵分配主射界和次射界。

繪製射程卡的準備工作

根據各個任務（如準備開火位置，進行必要的偽裝等）的優先順序，在得到相關信息後，士兵就可以著手繪製射程卡。如果士兵還被指定其他的開火位置，那也需要繪製相應的射程卡。

繪製射程卡的步驟

- 先在射程卡下部的中心位置畫出武器標識，並標出磁北方向。
- 畫出射界內的地形圖，標注道路、橋梁、建築物、河流、山坡以及樹林等。盡量做到準確。

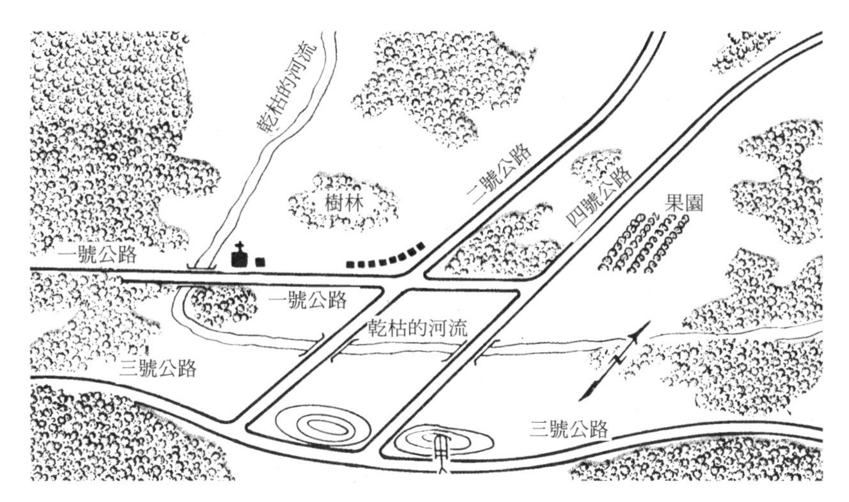

▲標明地形特徵的反裝甲武器射程卡。

●為了標明開火位置，在附近的顯著地形處畫一根箭頭，並標記為「1號」。在該顯著地形和開火位置間標注方位和距離。

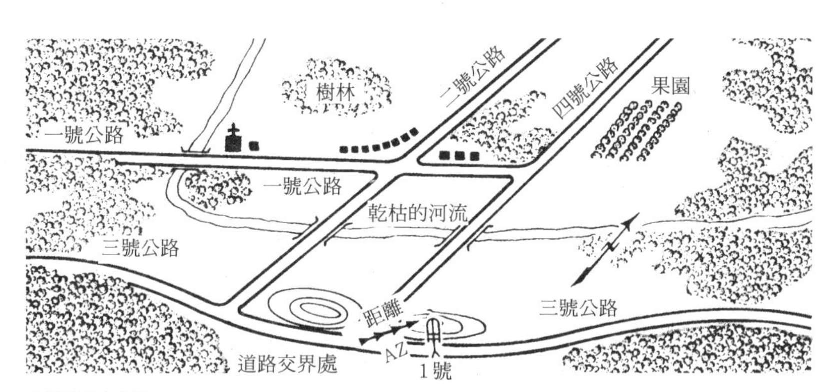

▲標明開火位置。

●接著再以封閉線繪製射界。射界的線條包括最大射程線，該線所代表的是武器能夠有效殺傷目標的最遠距離。

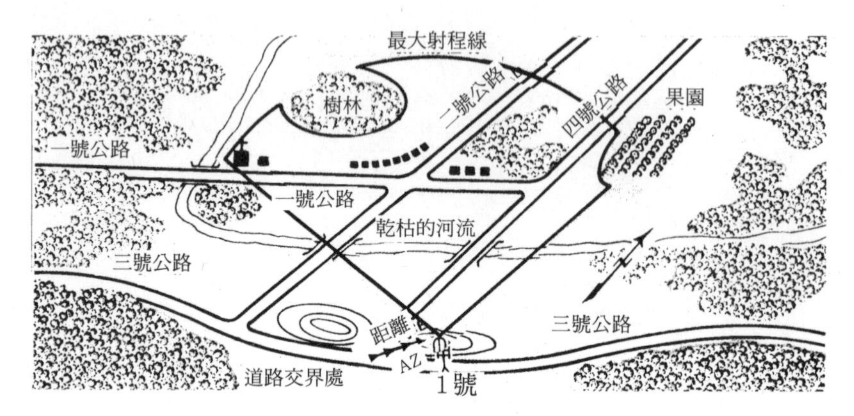

▲射界

●在射界裡用封閉線畫出死角區域。繪製射程卡時，射界的形狀和大小不限。

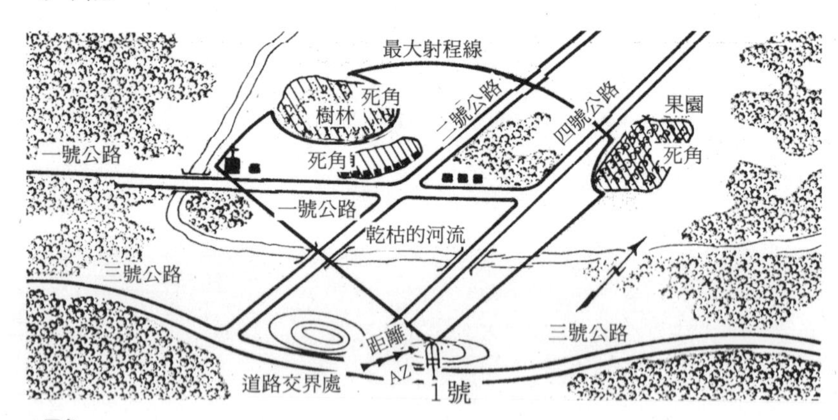

▲死角

●接著，在射界裡標注到目標區域和目標參考點的距離和方位角。

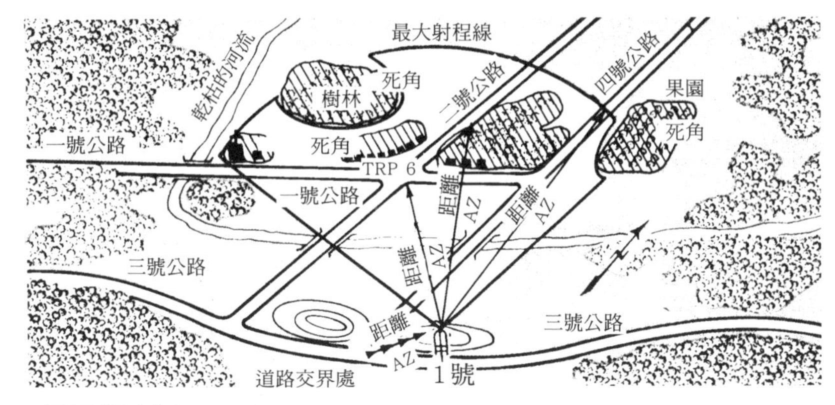

▲標注距離和方位角

●最後填寫以下數據：

開火陣地

單位代號（排）

日期

所有反裝甲武器的射程卡上其基本信息和繪製方法與前文的敘述大同小異。

射程卡一共兩份。一份自己使用，一份交給上級，為其提供目標區域內的情報。

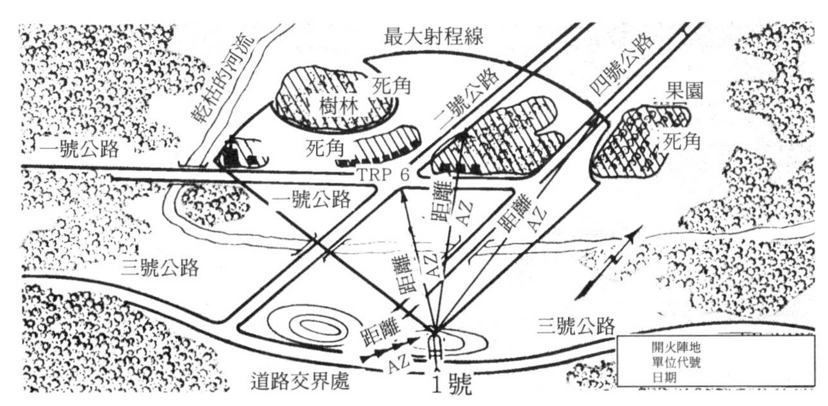

▲完整的反裝甲武器射程卡

第18章

格鬥

01
擺脫束縛

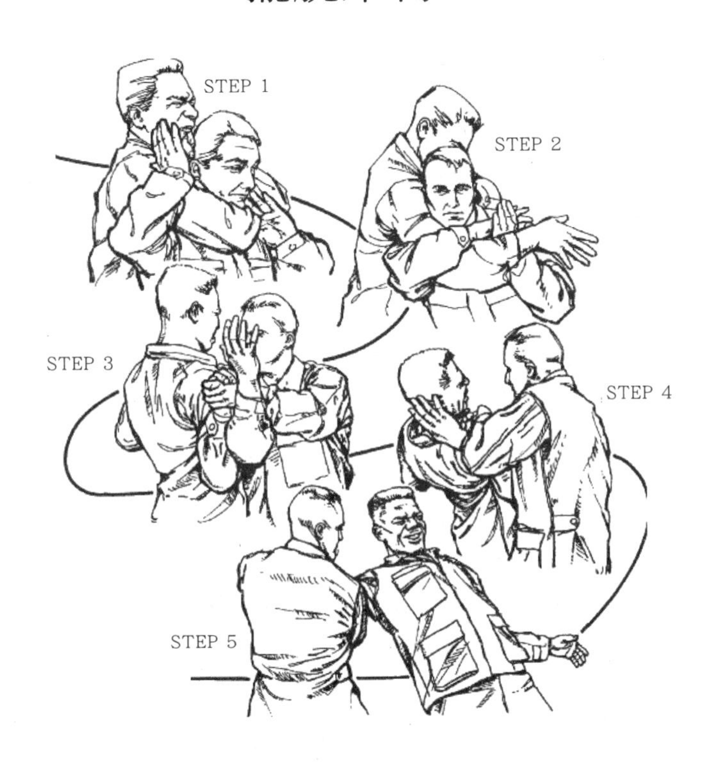

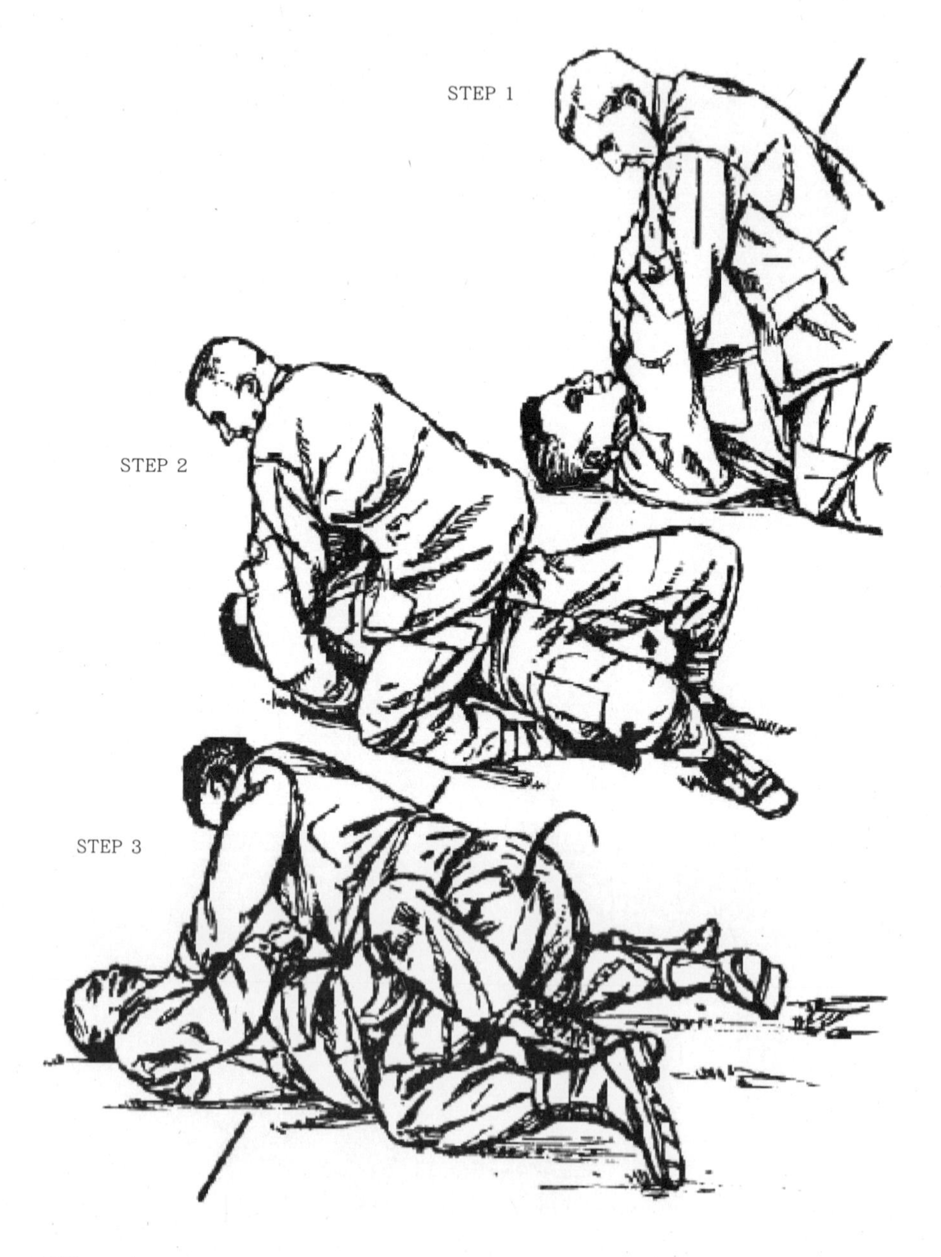
STEP 1
STEP 2
STEP 3

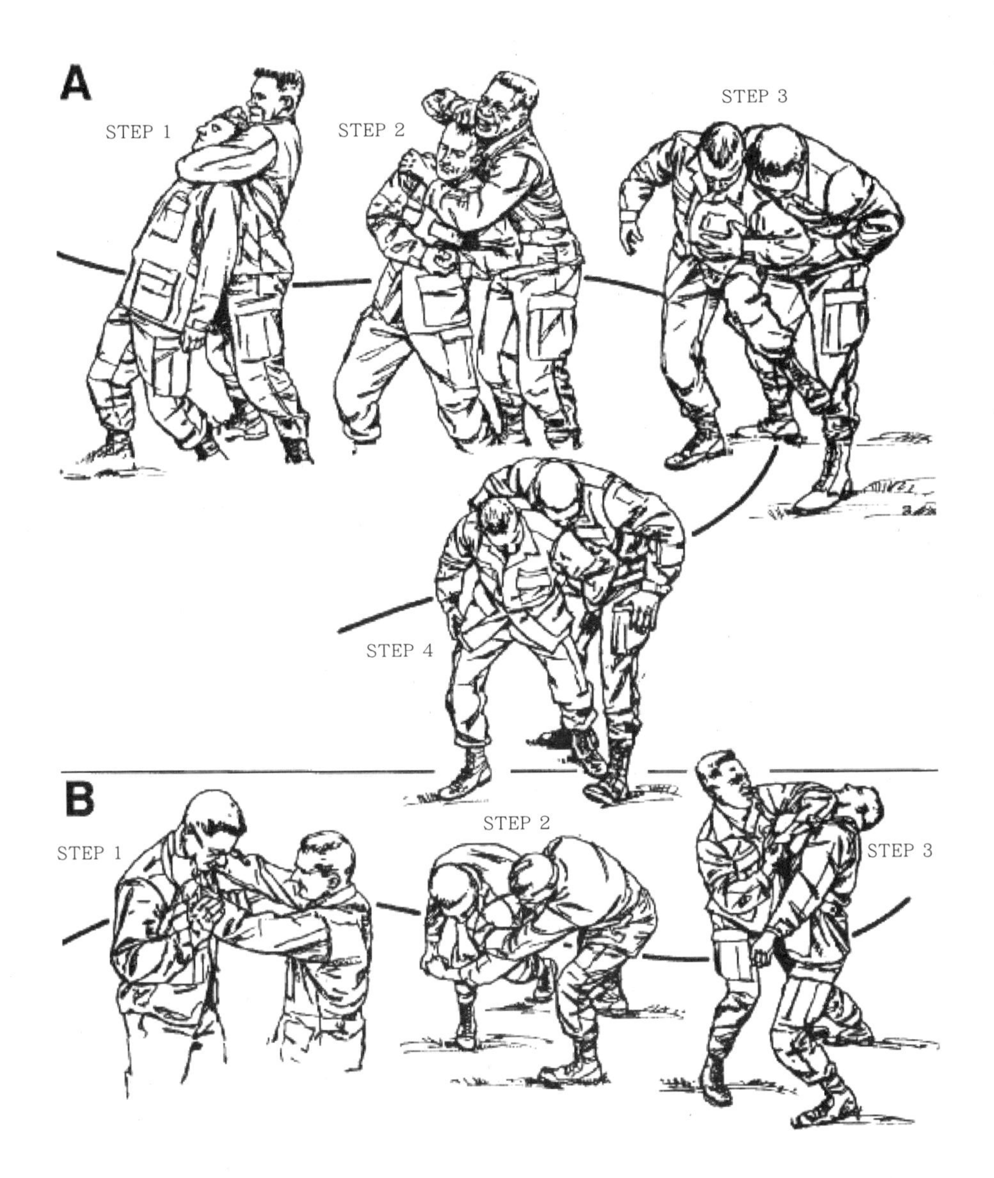
A
STEP 1
STEP 2
STEP 3
STEP 4
B
STEP 1
STEP 2
STEP 3

STEP 1
STEP 2
STEP 3

STEP 1
STEP 2
STEP 3

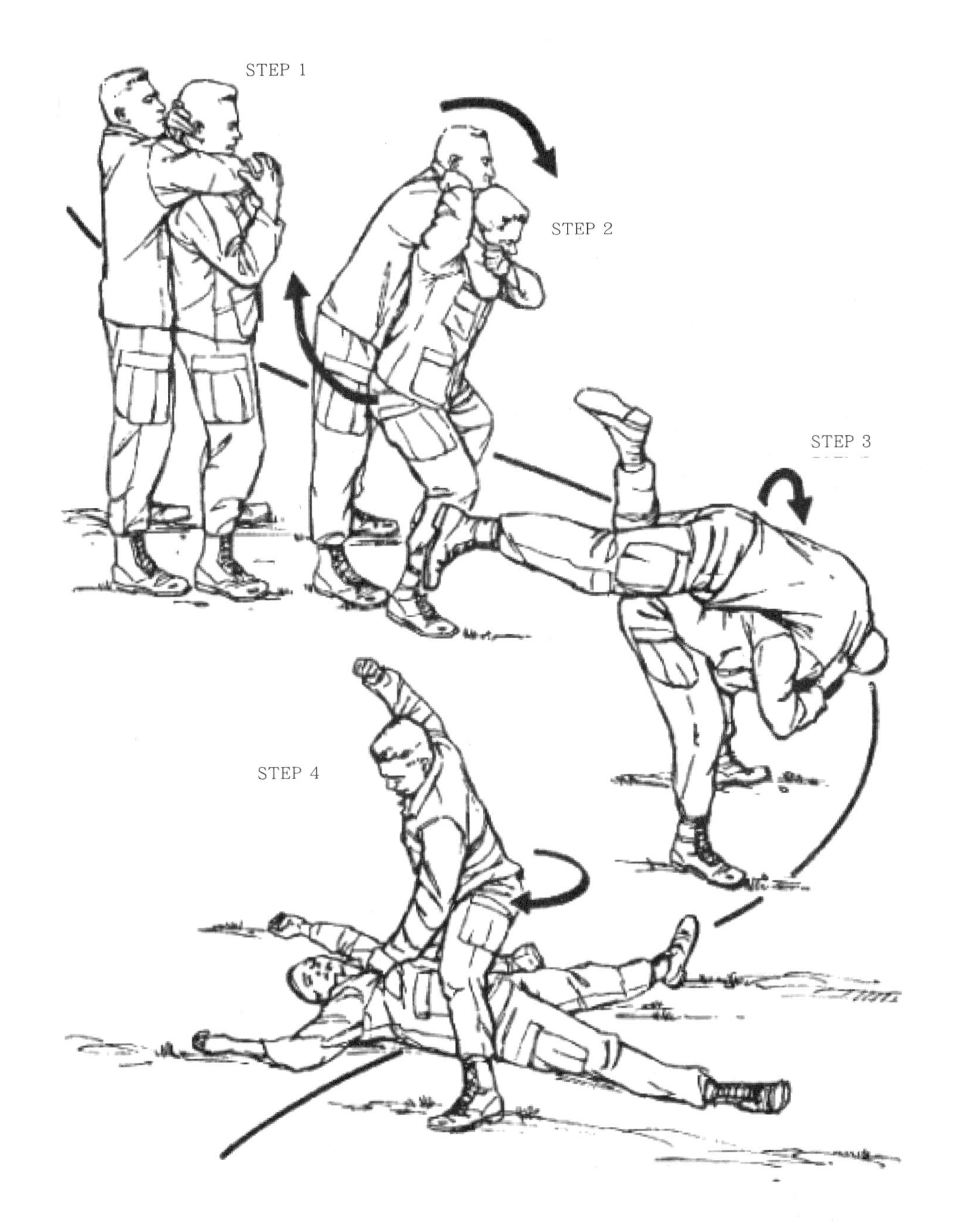
STEP 1
STEP 2
STEP 3
STEP 4

A
STEP 1
STEP 2
STEP 3

B
STEP 1
STEP 2
STEP 3

02
反制抓扯

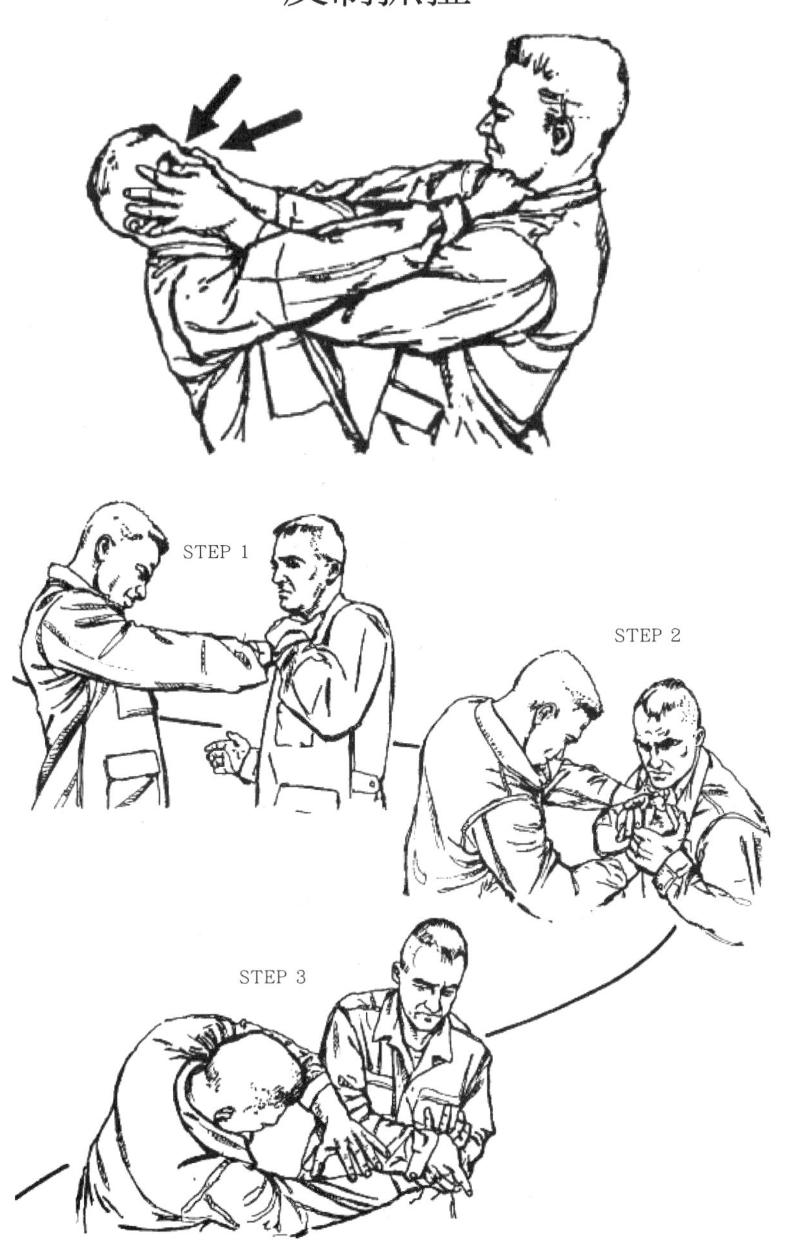

STEP 1
STEP 2
STEP 3

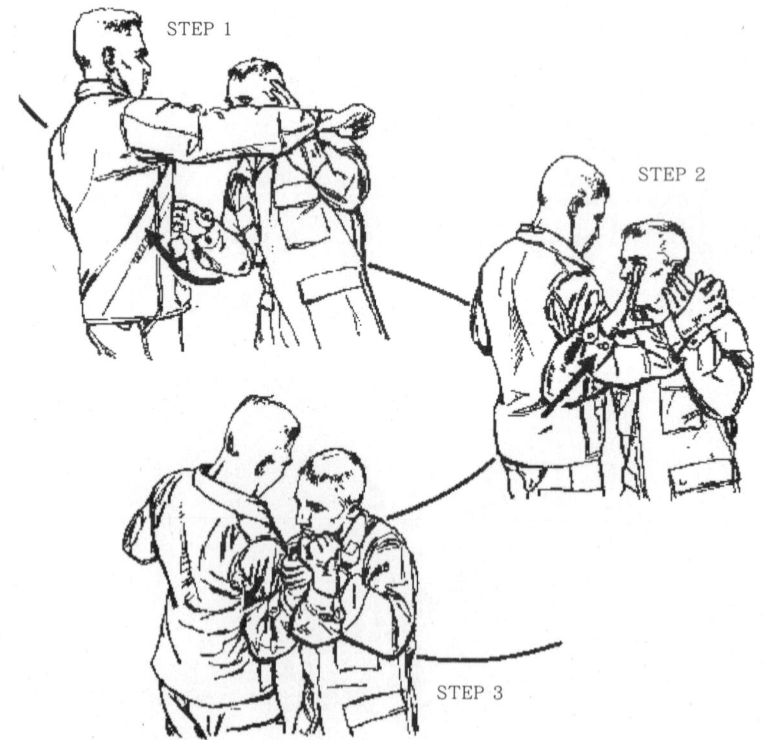
STEP 1
STEP 2
STEP 3

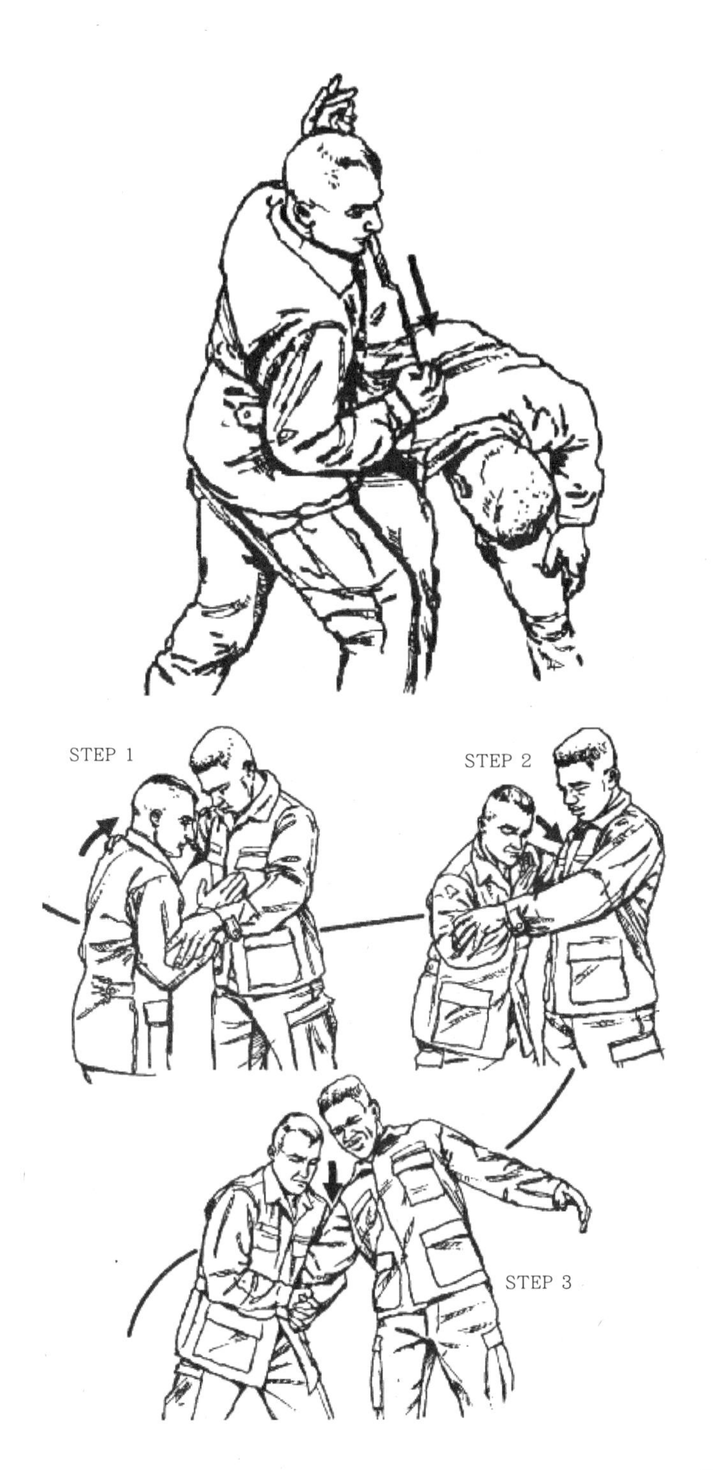
STEP 1
STEP 2
STEP 3

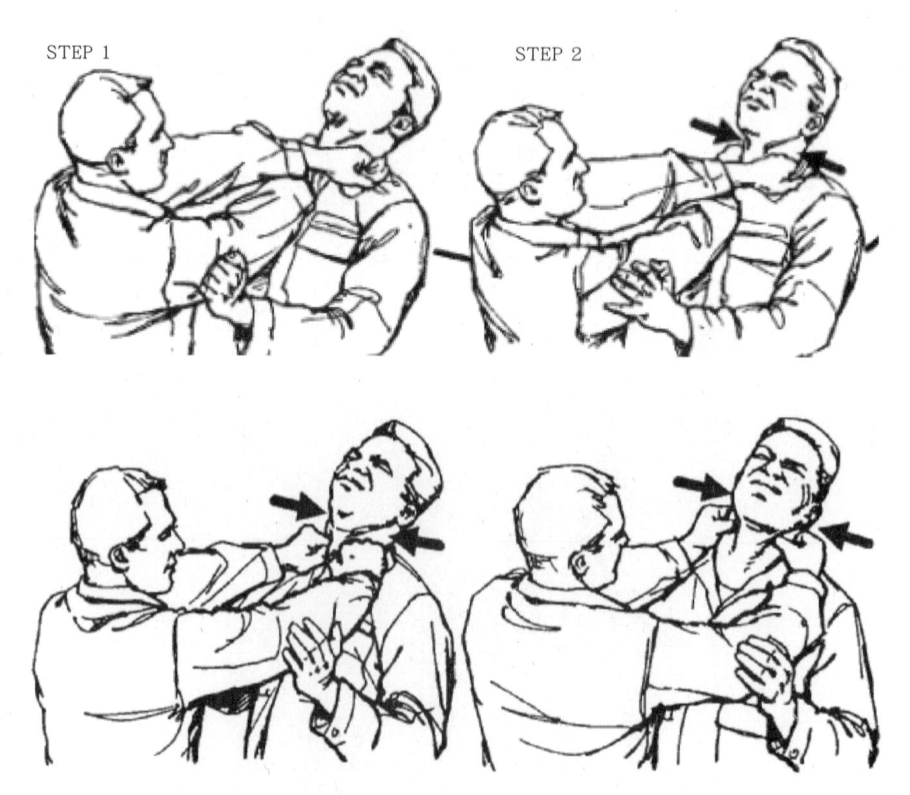
STEP 1
STEP 2

03
肩背摔

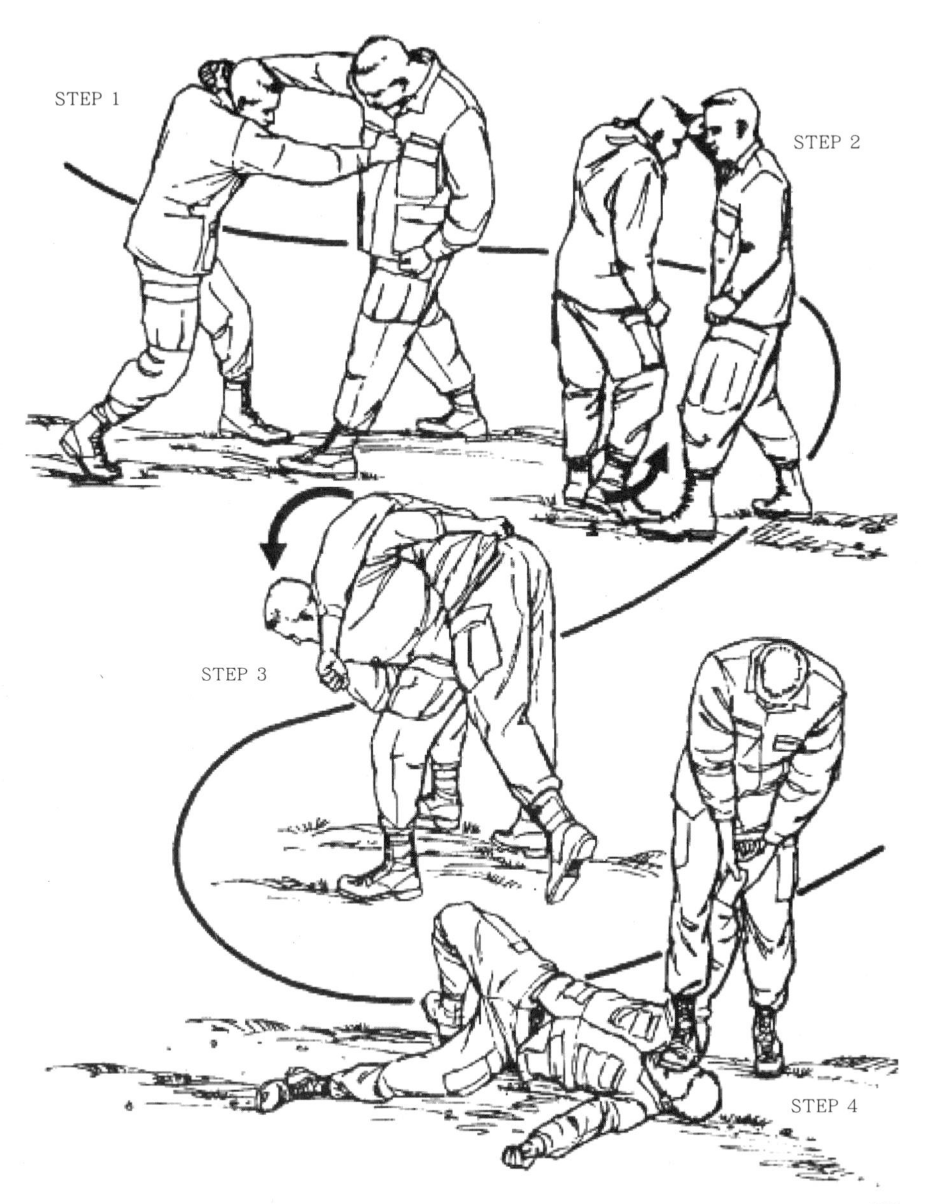

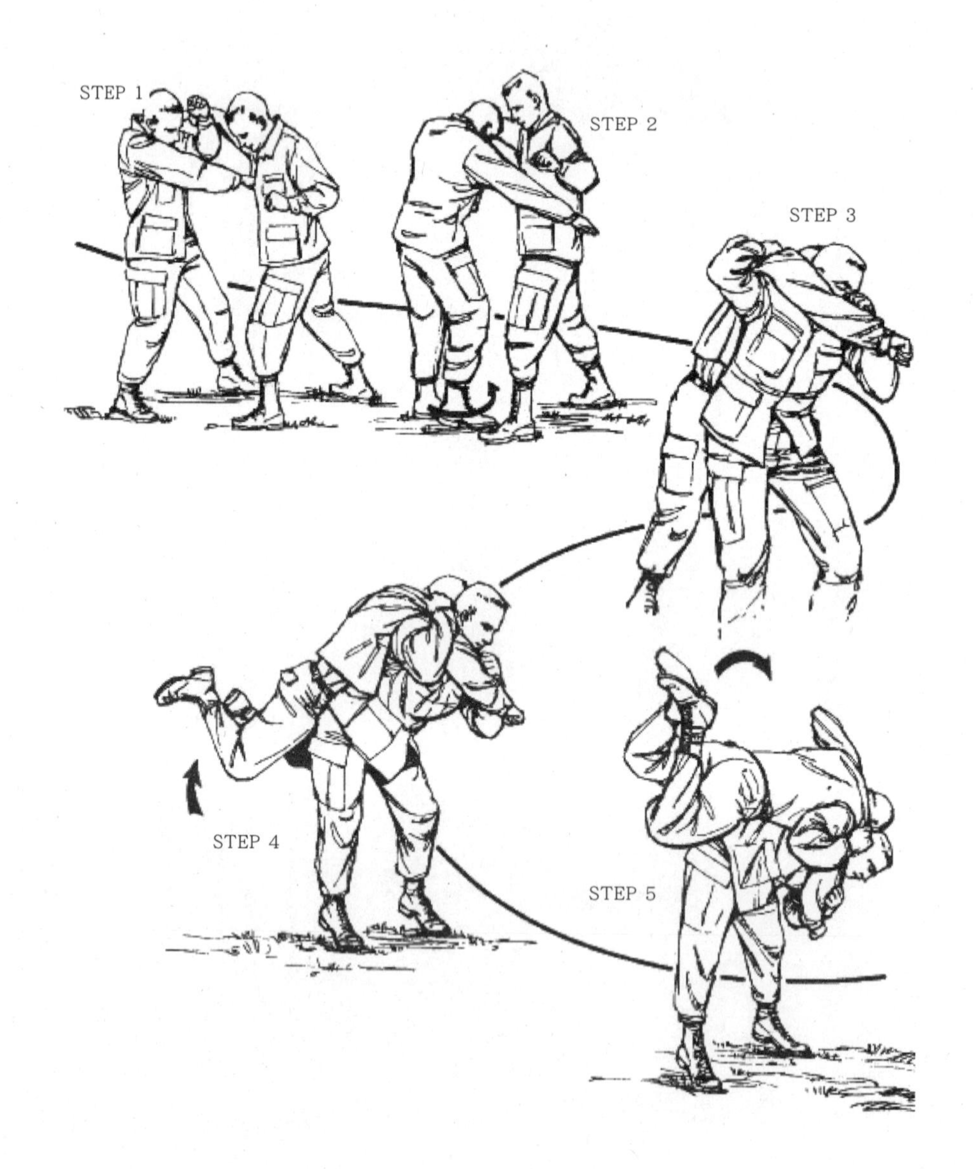
STEP 1
STEP 2
STEP 3
STEP 4
STEP 5

04
拇指擊打

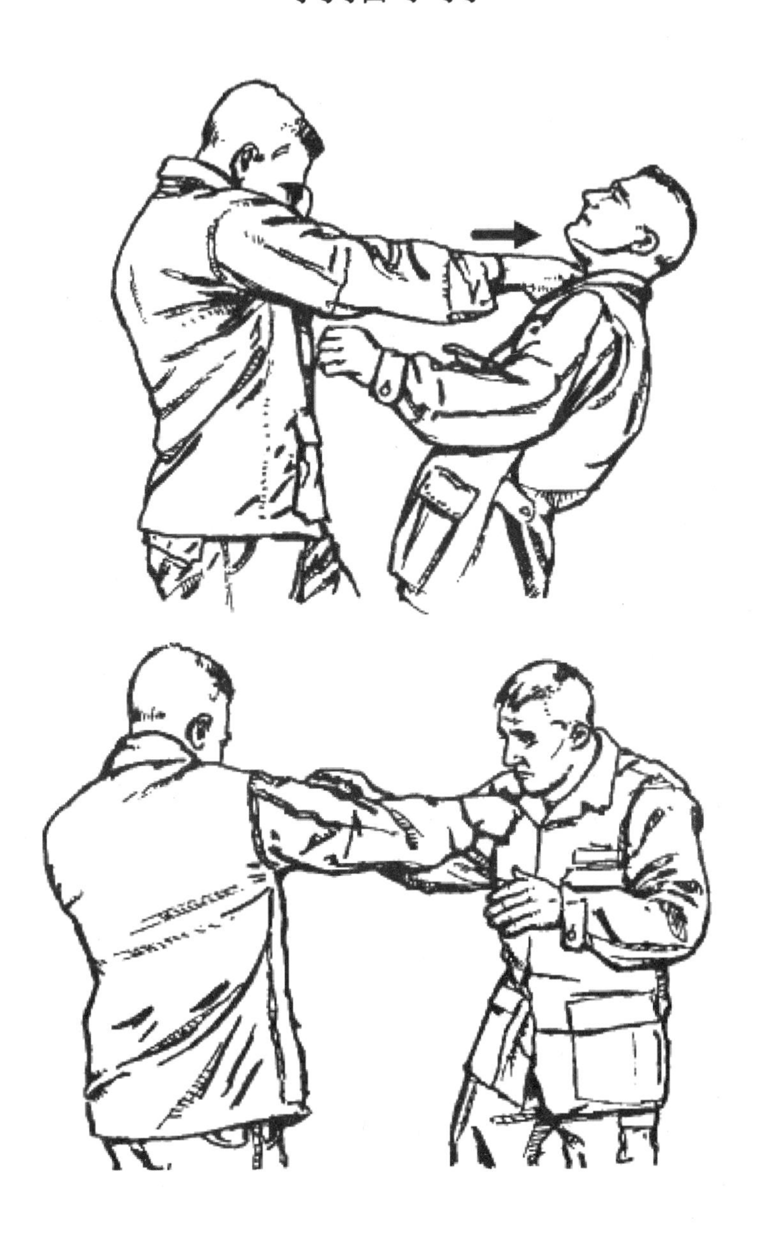

05
拳頭擊打

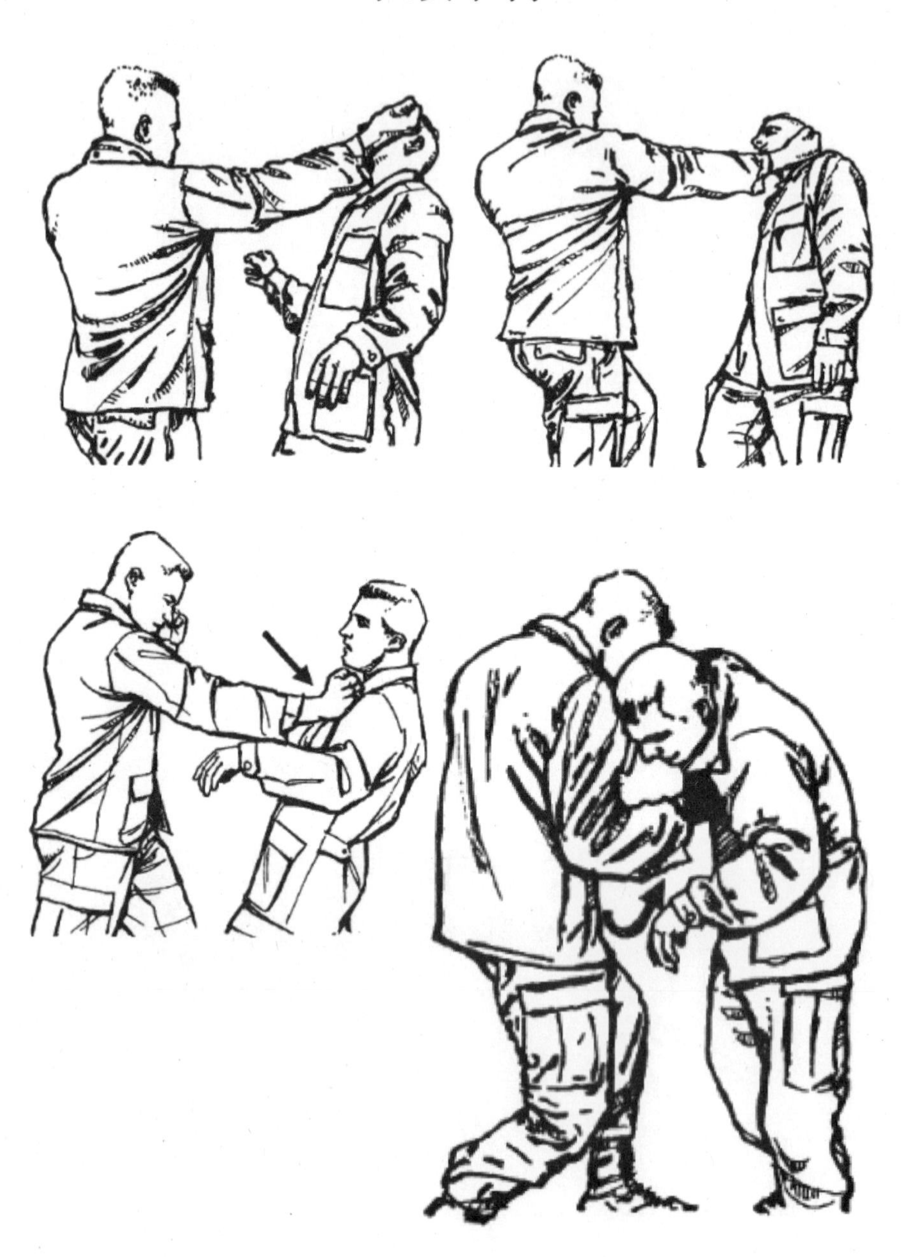

06
腿部擊打

STEP 1
STEP 2
STEP 1
STEP 2

STEP 1
STEP 2

STEP 1
STEP 2
STEP 3
STEP 4

07
膝蓋擊打

08
掌部擊打

09
肘部擊打

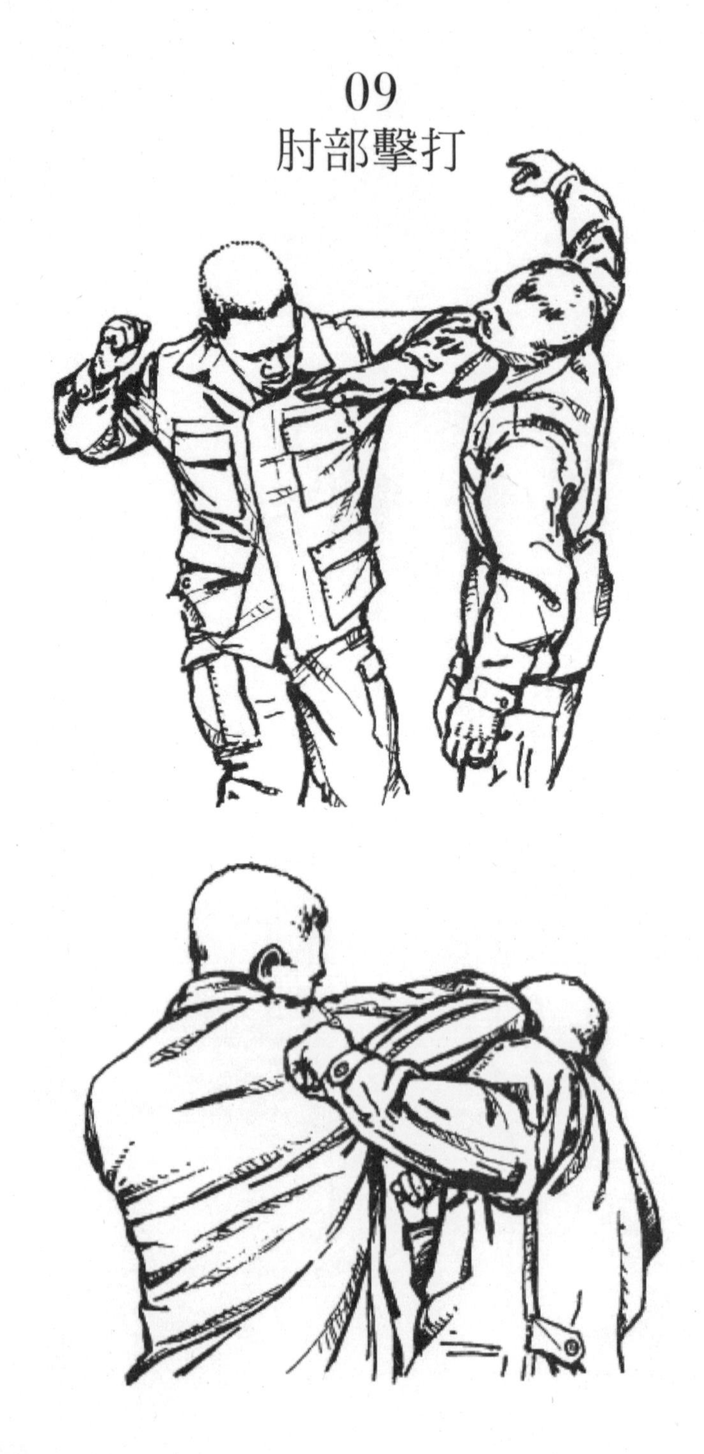

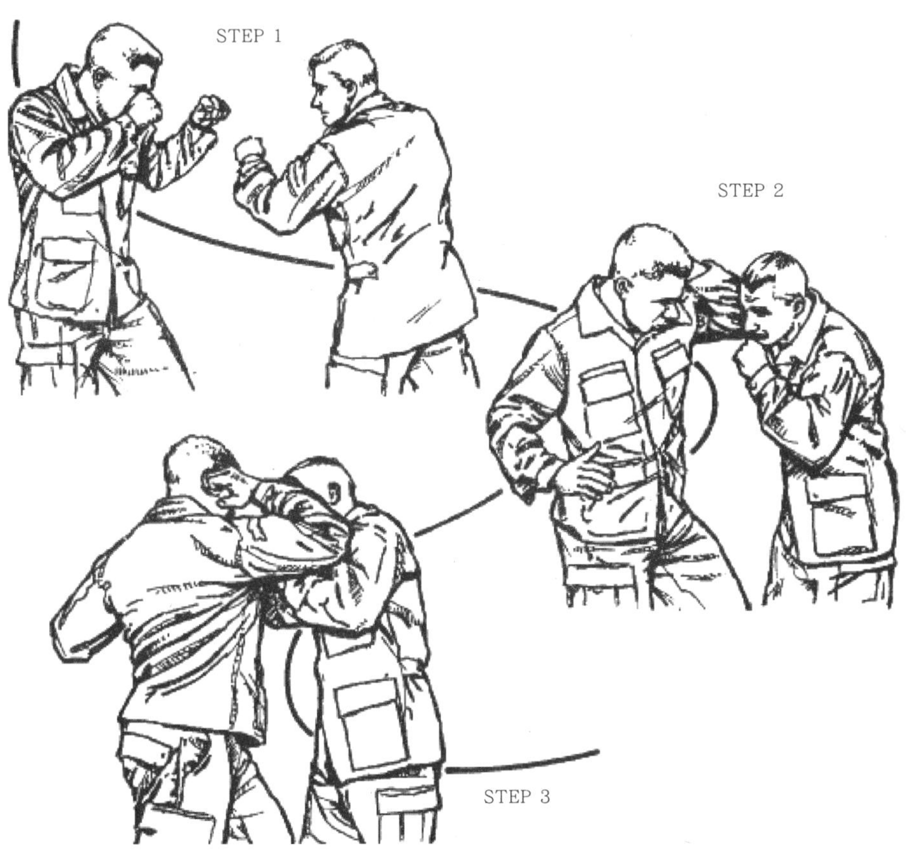
STEP 1
STEP 2
STEP 3

10
徒手對匕首

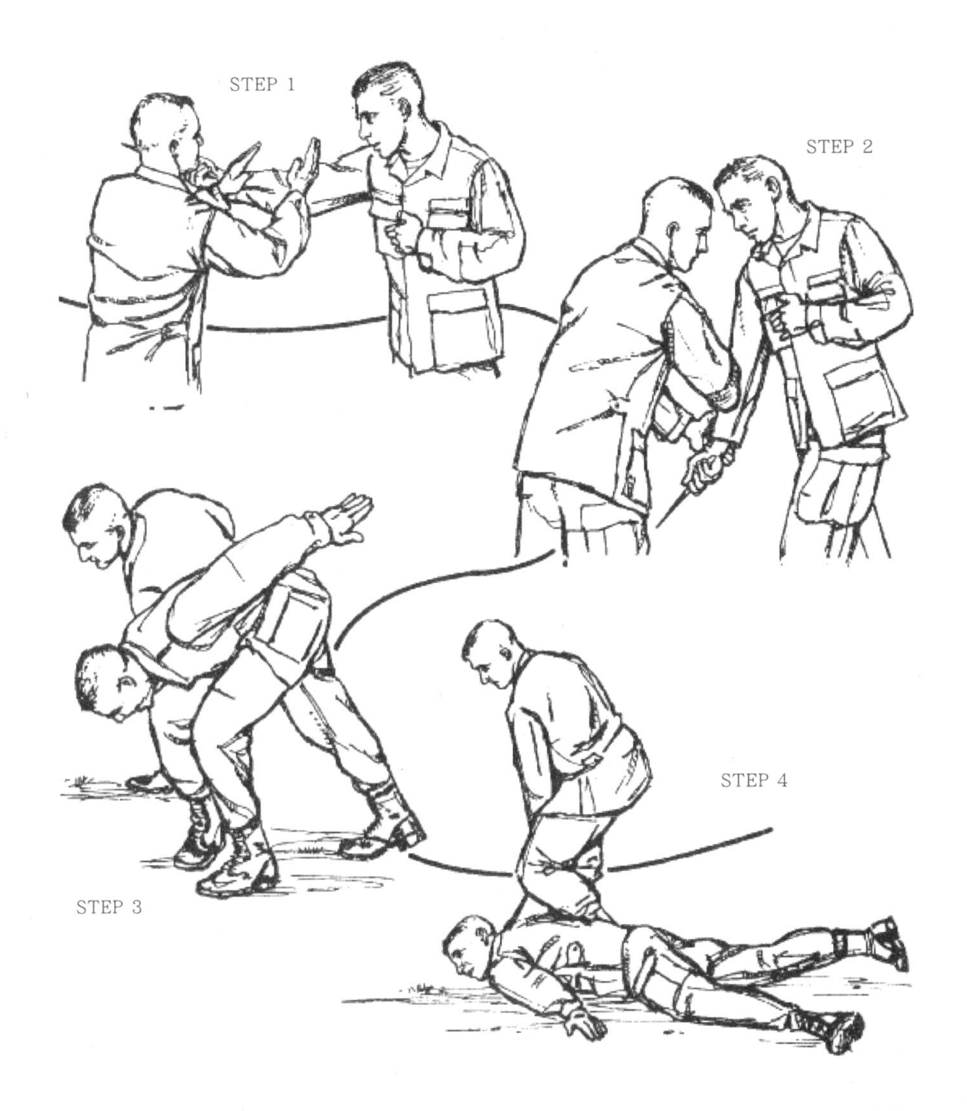
STEP 1
STEP 2
STEP 3
STEP 4

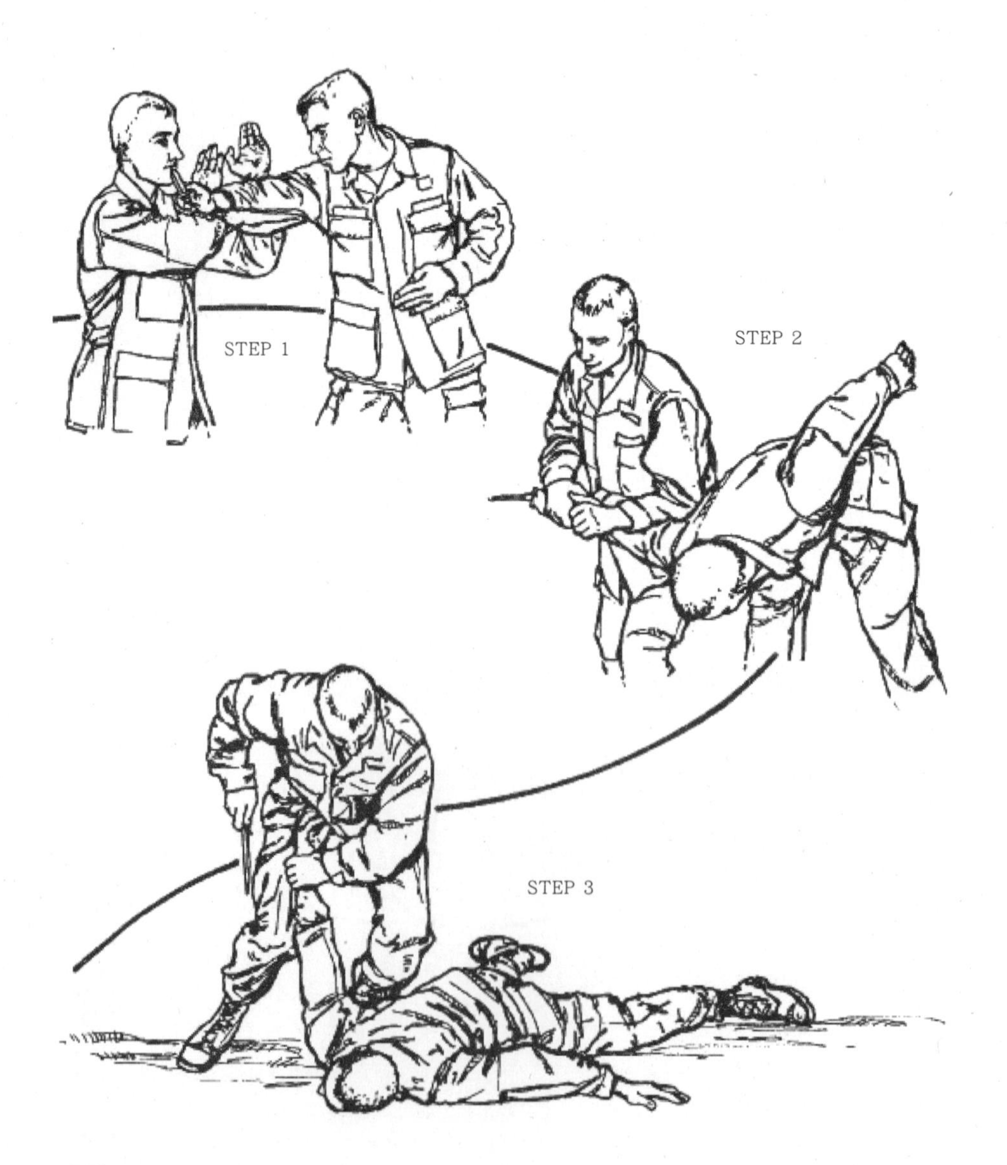
STEP 1
STEP 2
STEP 3

STEP 1
STEP 2
STEP 3

STEP 1
STEP 2
STEP 3
STEP 4

STEP 1
STEP 2
STEP 3
STEP 4

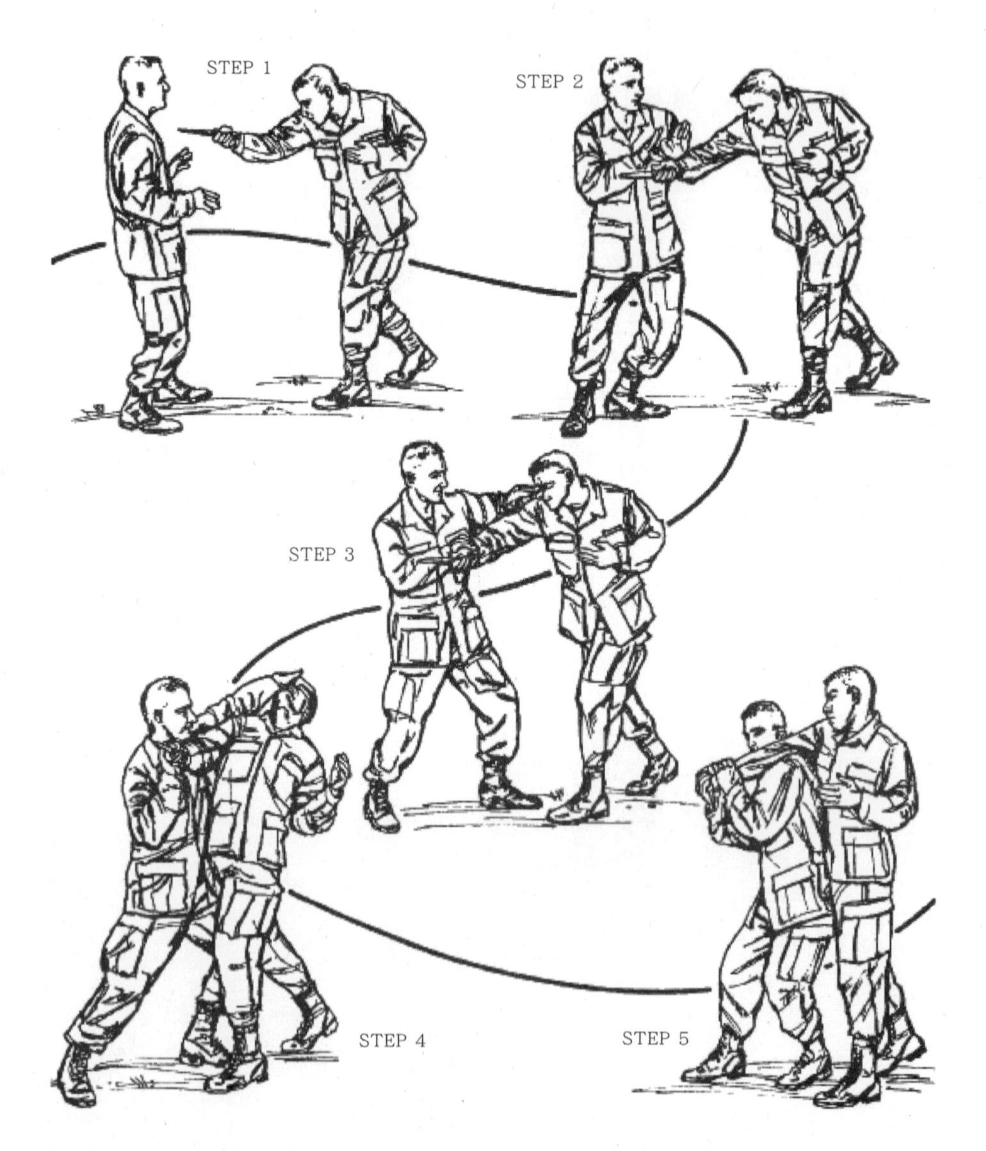
STEP 1
STEP 2
STEP 3
STEP 4
STEP 5

STEP 1
STEP 2
STEP 3

11
徒手對槍刺

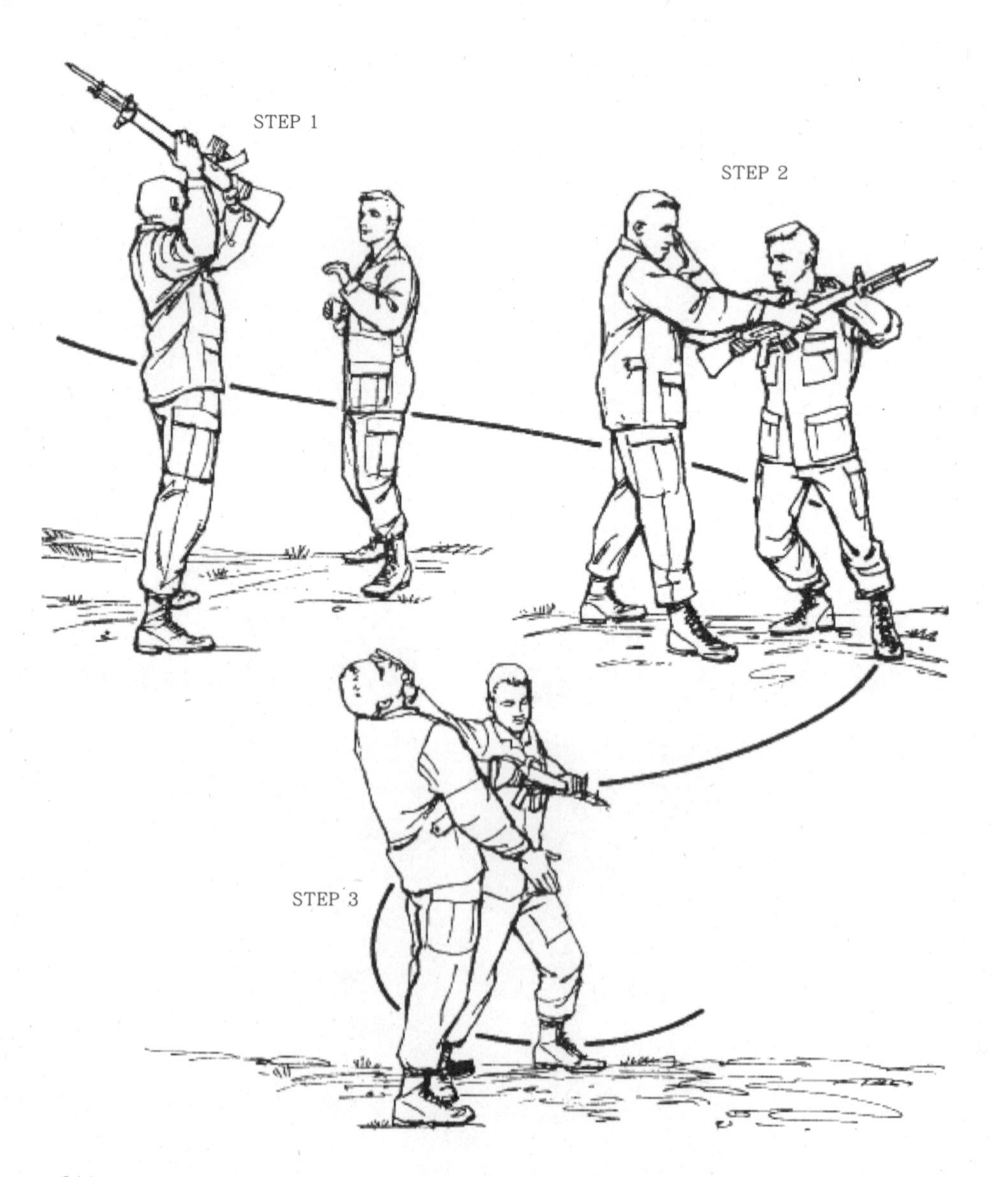

STEP 1
STEP 2
STEP 3

STEP 1
STEP 2
STEP 3
STEP 4
STEP 1
STEP 2
STEP 3

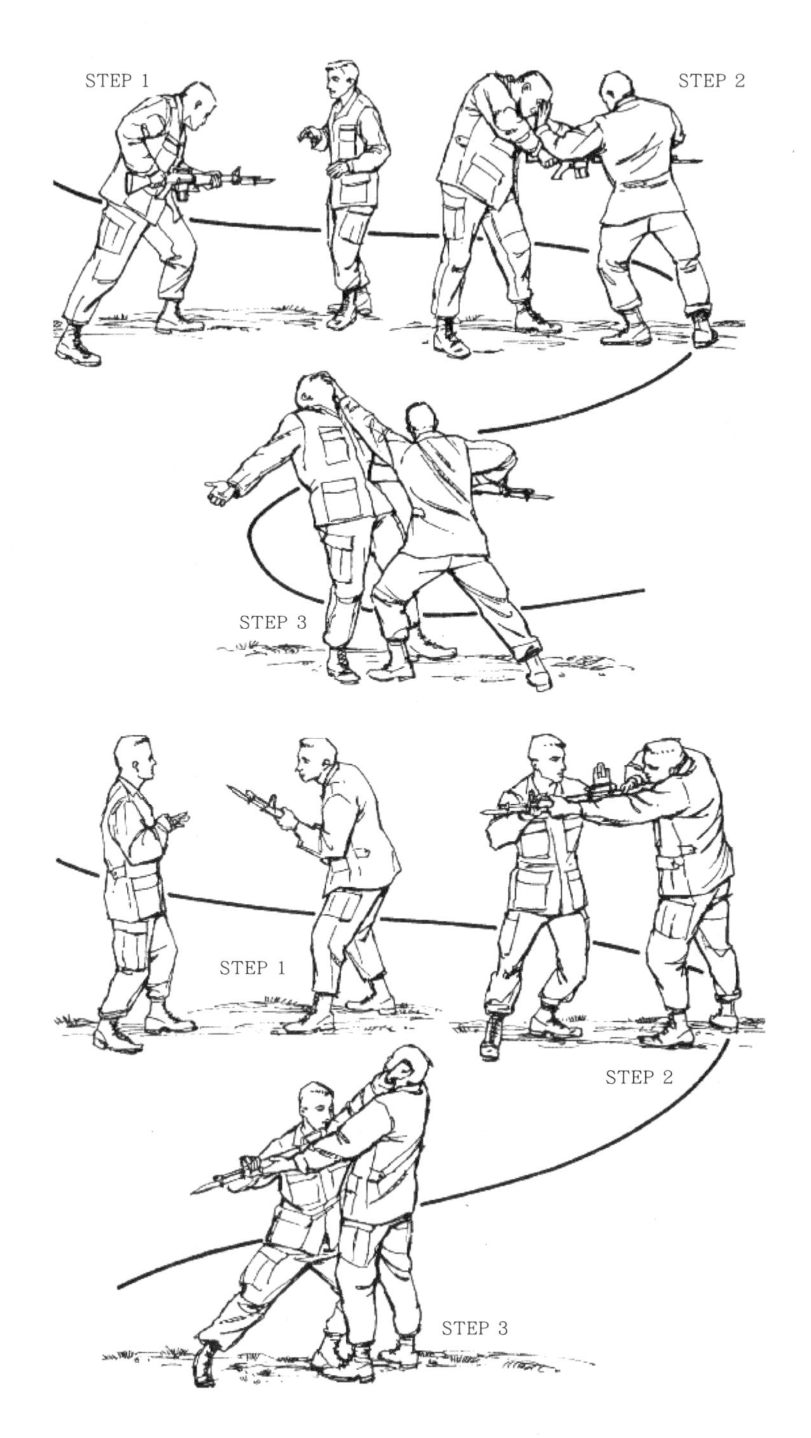
STEP 1
STEP 2
STEP 3
STEP 1
STEP 2
STEP 3

STEP 1
STEP 2
STEP 3

12
匕首對刺

STEP 1
STEP 2
STEP 3

STEP 1
STEP 2
STEP 3
STEP 1
STEP 2
STEP 3

13
木棍對匕首

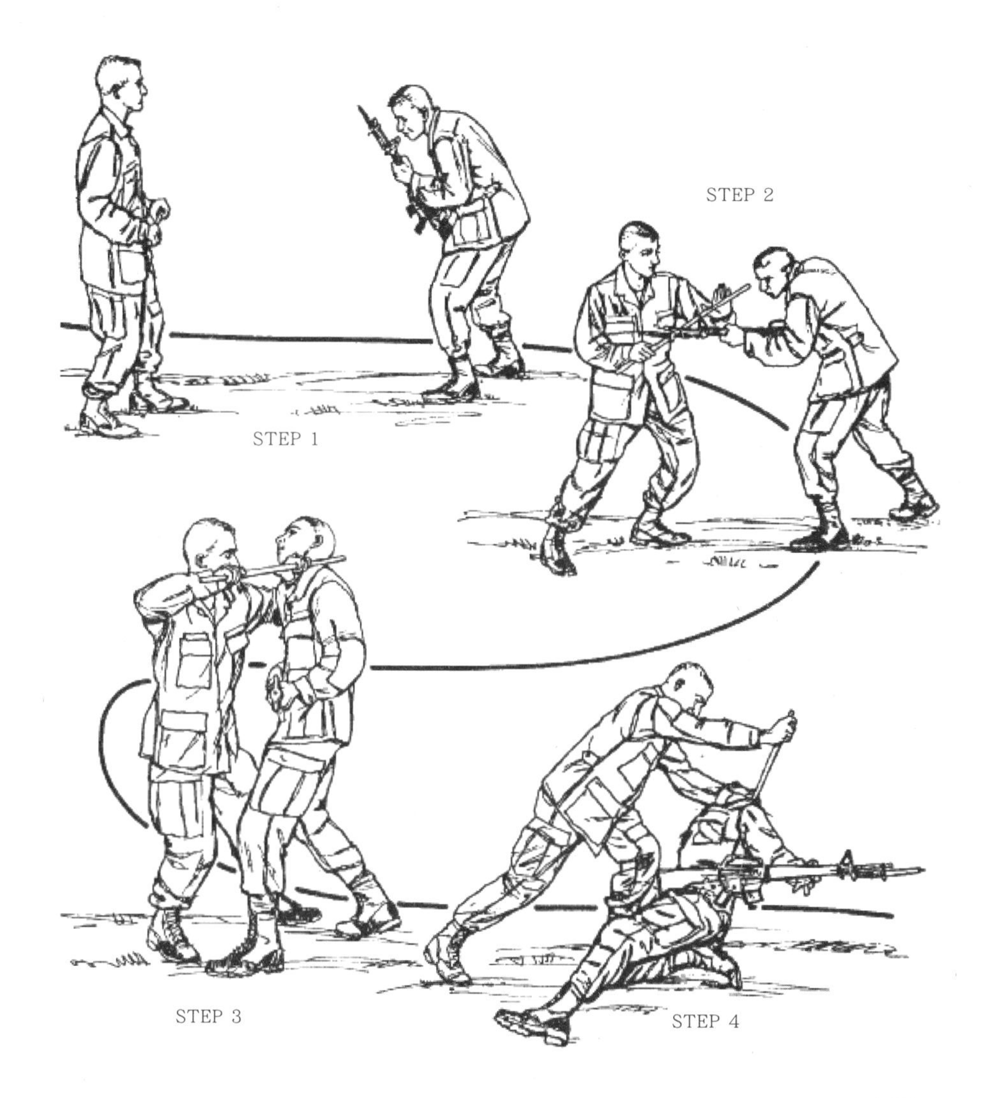
STEP 2
STEP 1
STEP 3
STEP 4

14
槍刺動作

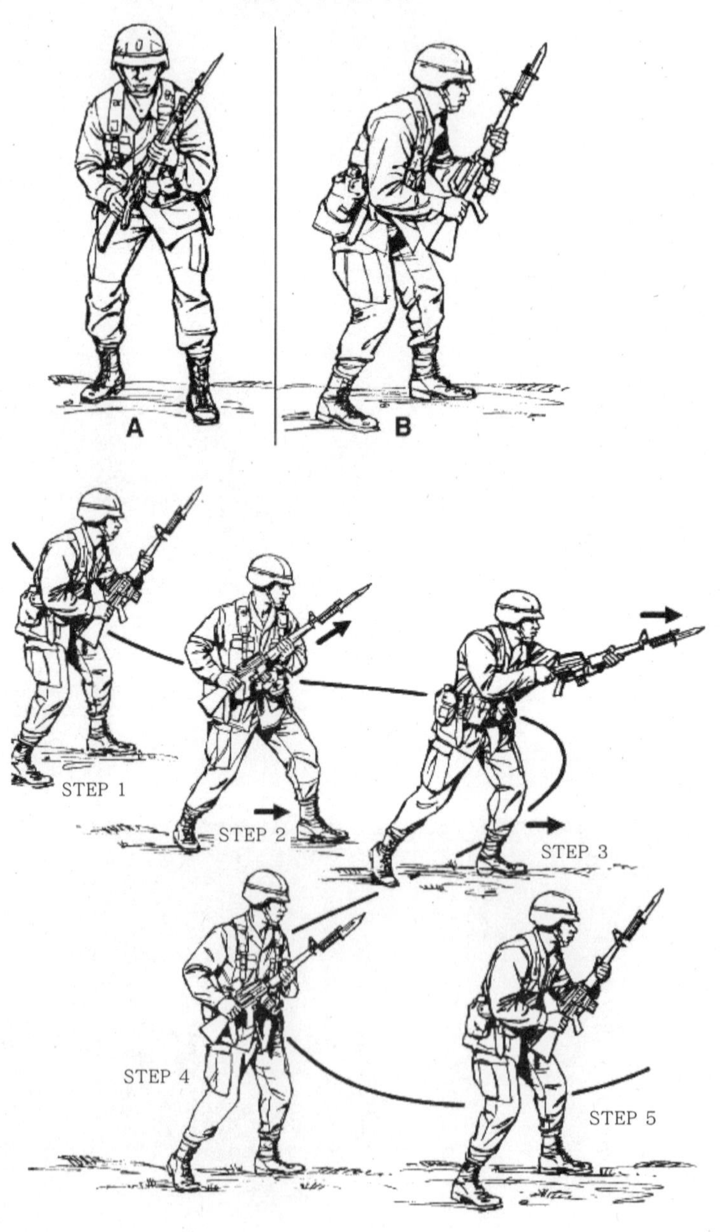

STEP 1
STEP 2
STEP 3
STEP 4

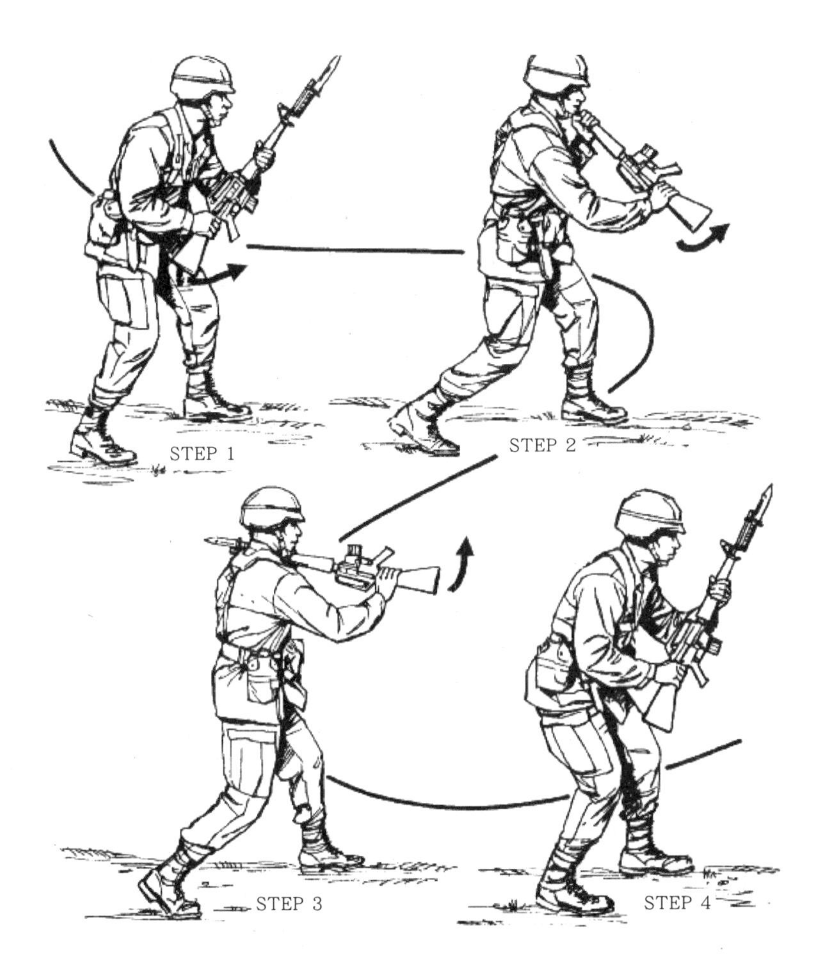
STEP 1
STEP 2
STEP 3
STEP 4

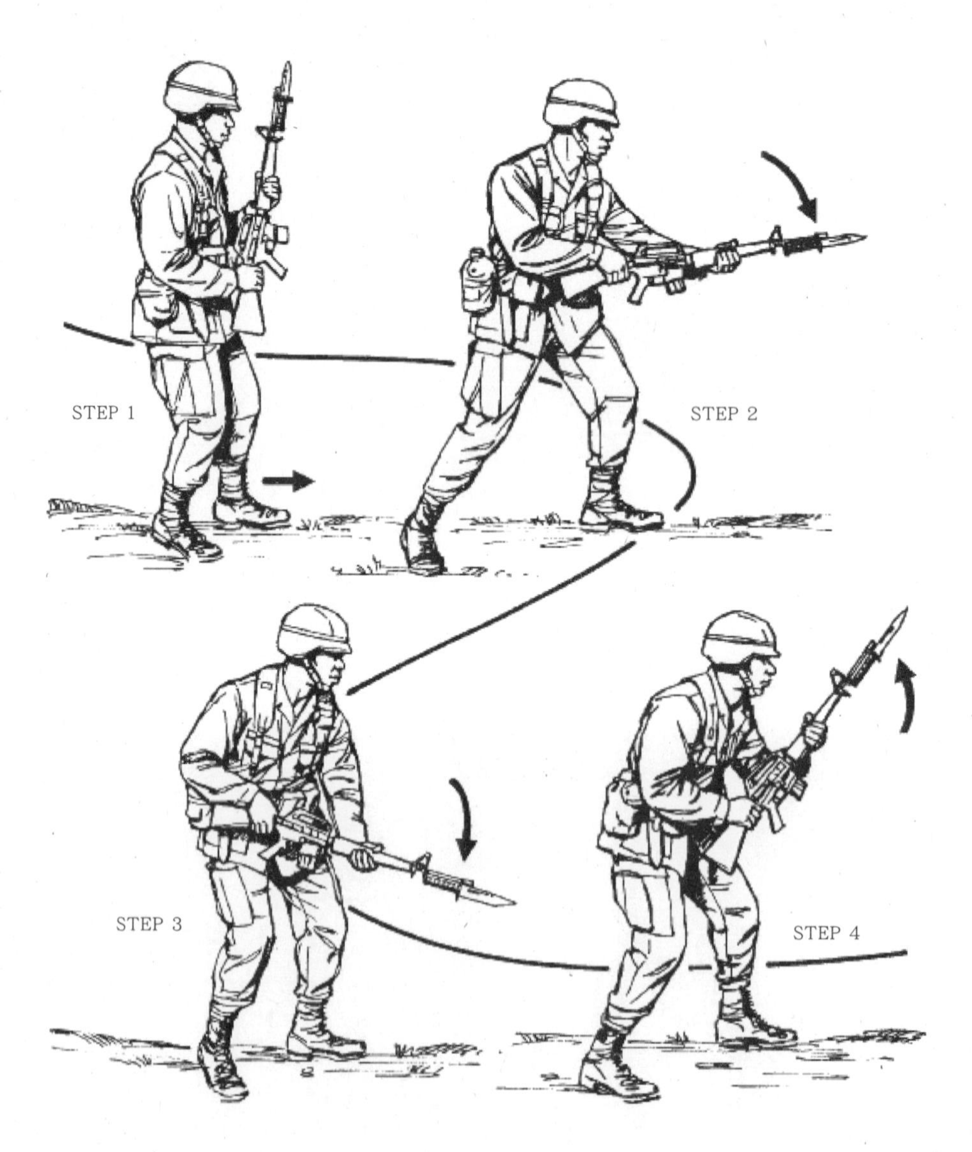
STEP 1
STEP 2
STEP 3
STEP 4

STEP 1
STEP 2
STEP 3
STEP 4
STEP 5

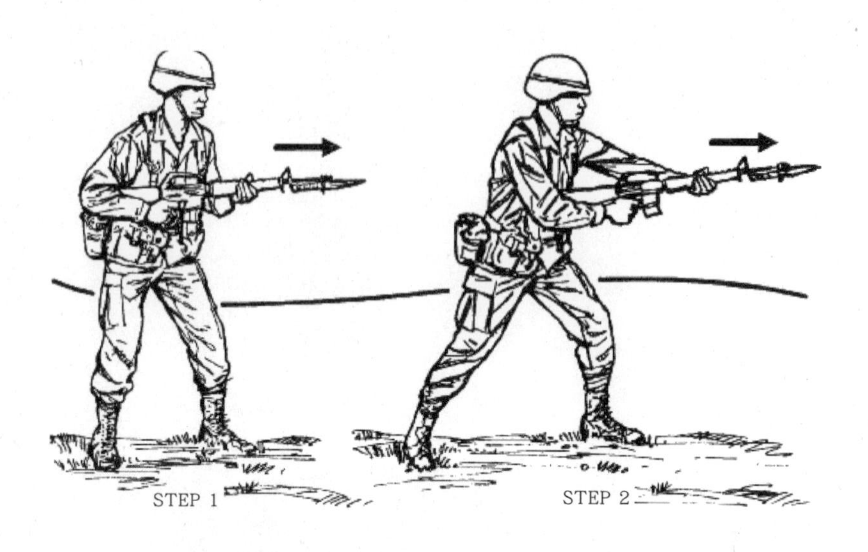
STEP 1
STEP 2

STEP 1
STEP 2
STEP 3
STEP 4

15
槍刺對匕首

16
槍刺對刺

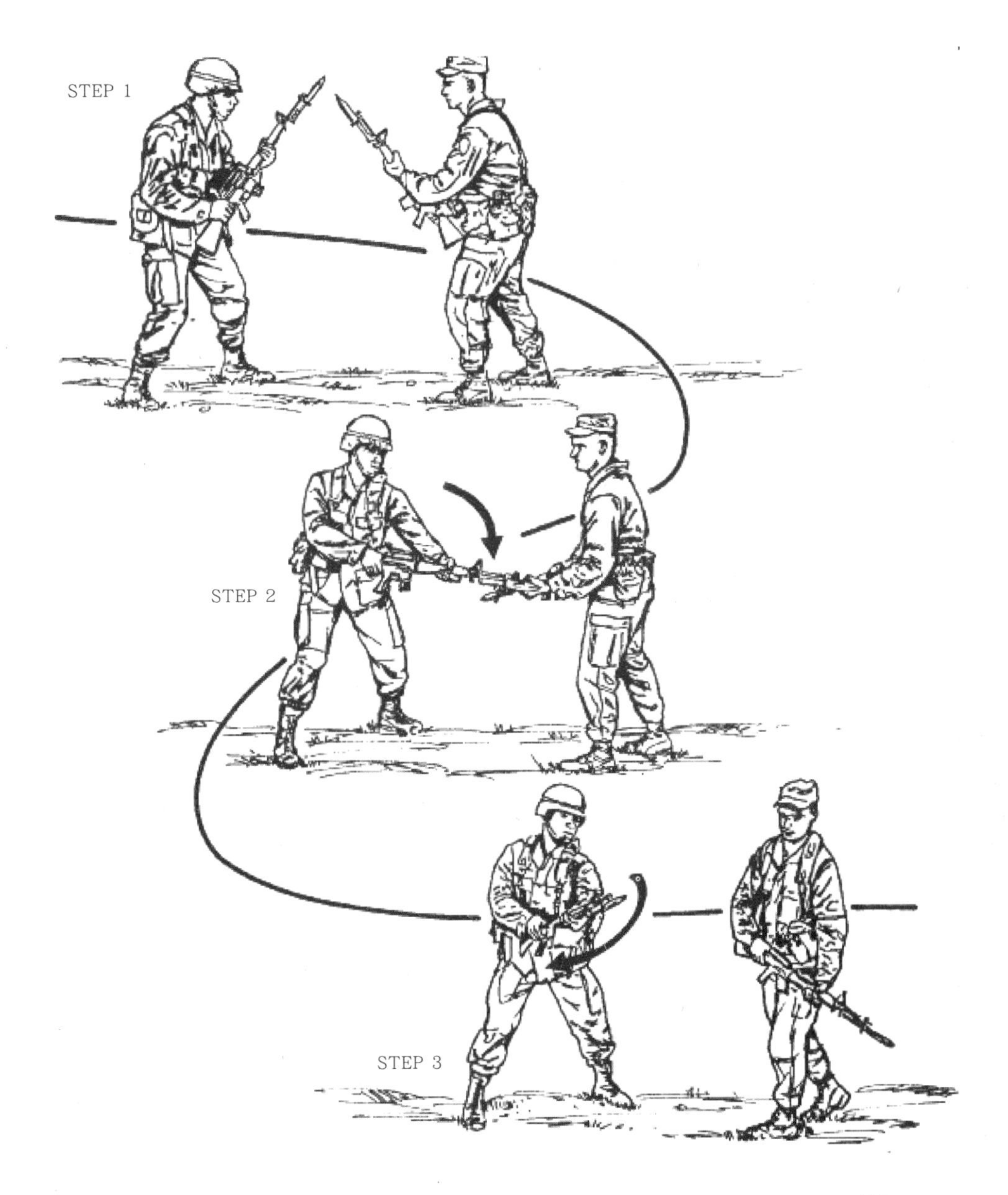

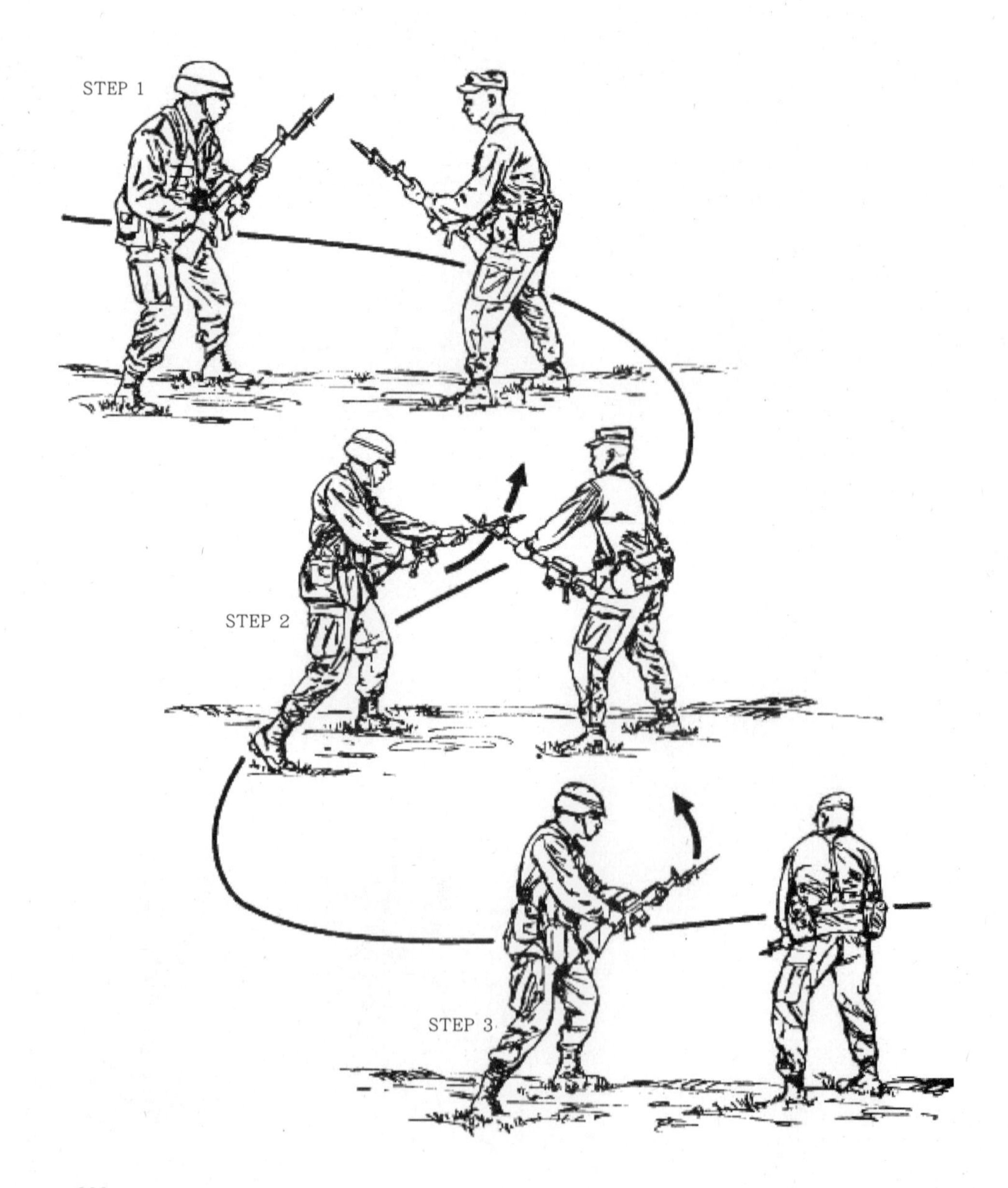
STEP 1
STEP 2
STEP 3

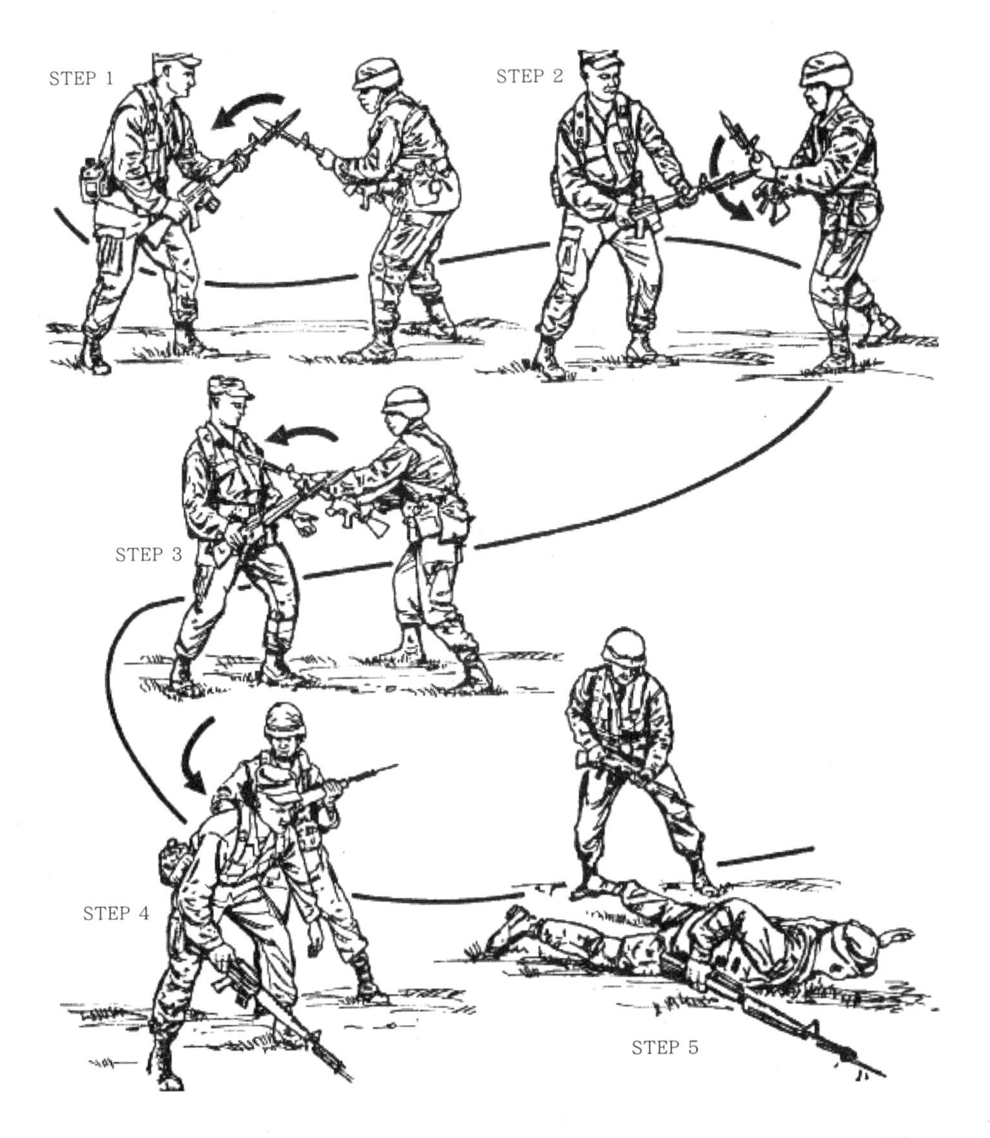
STEP 1
STEP 2
STEP 3
STEP 4
STEP 5

STEP 1
STEP 2
STEP 3

STEP 1
STEP 2
STEP 3
STEP 1
STEP 2

17
鐵鍬對槍刺

STEP 1
STEP 2
STEP 3

STEP 1
STEP 2
STEP 3

STEP 1
STEP 2

STEP 1
STEP 2
STEP 3

18
繩子對匕首

STEP 1
STEP 2
STEP 3
STEP 4

STEP 1
STEP 2
STEP 3

19
背後偷襲

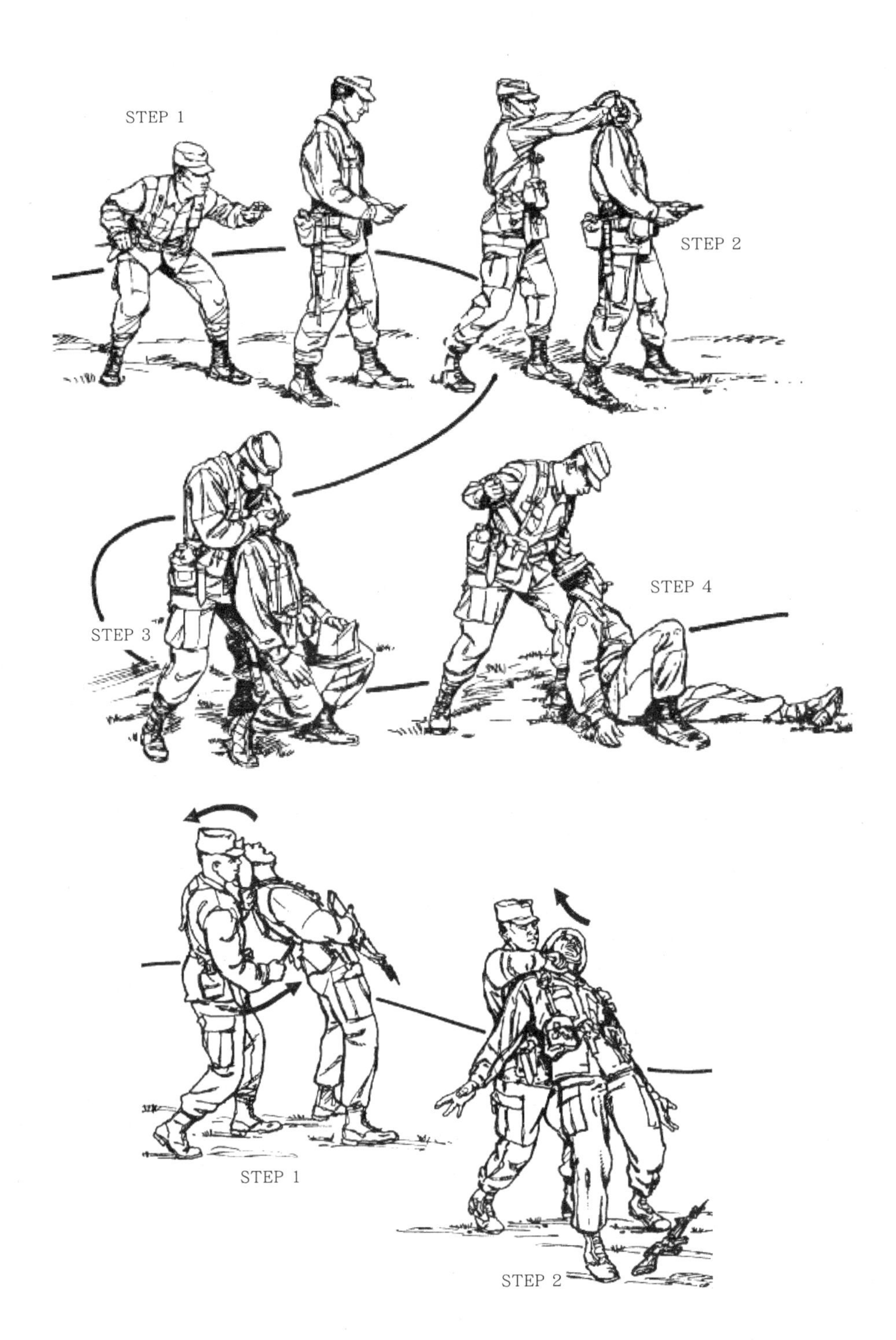
STEP 1
STEP 2
STEP 3
STEP 4
STEP 1
STEP 2

STEP 1
STEP 2

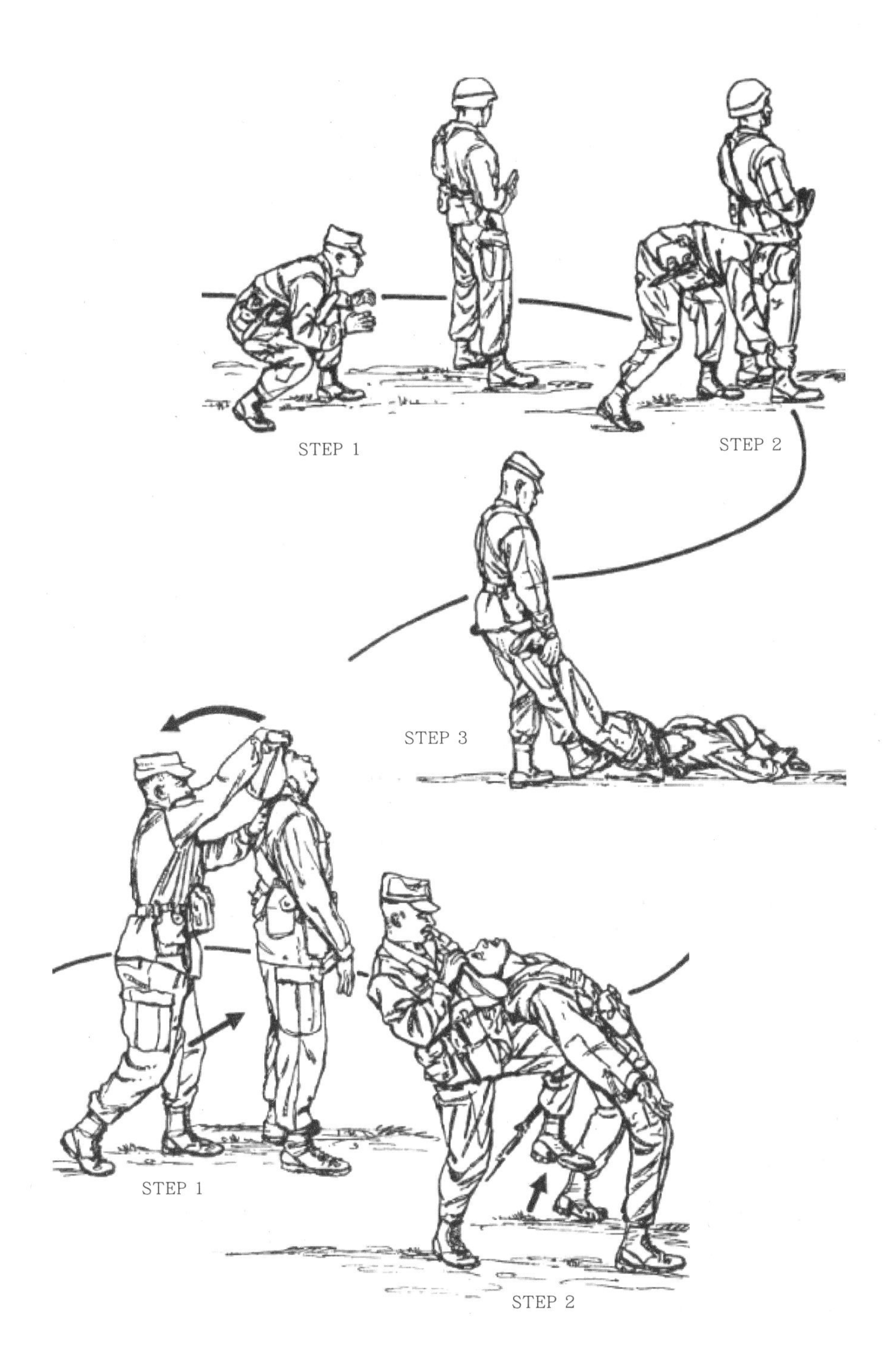
STEP 1
STEP 2
STEP 3
STEP 1
STEP 2

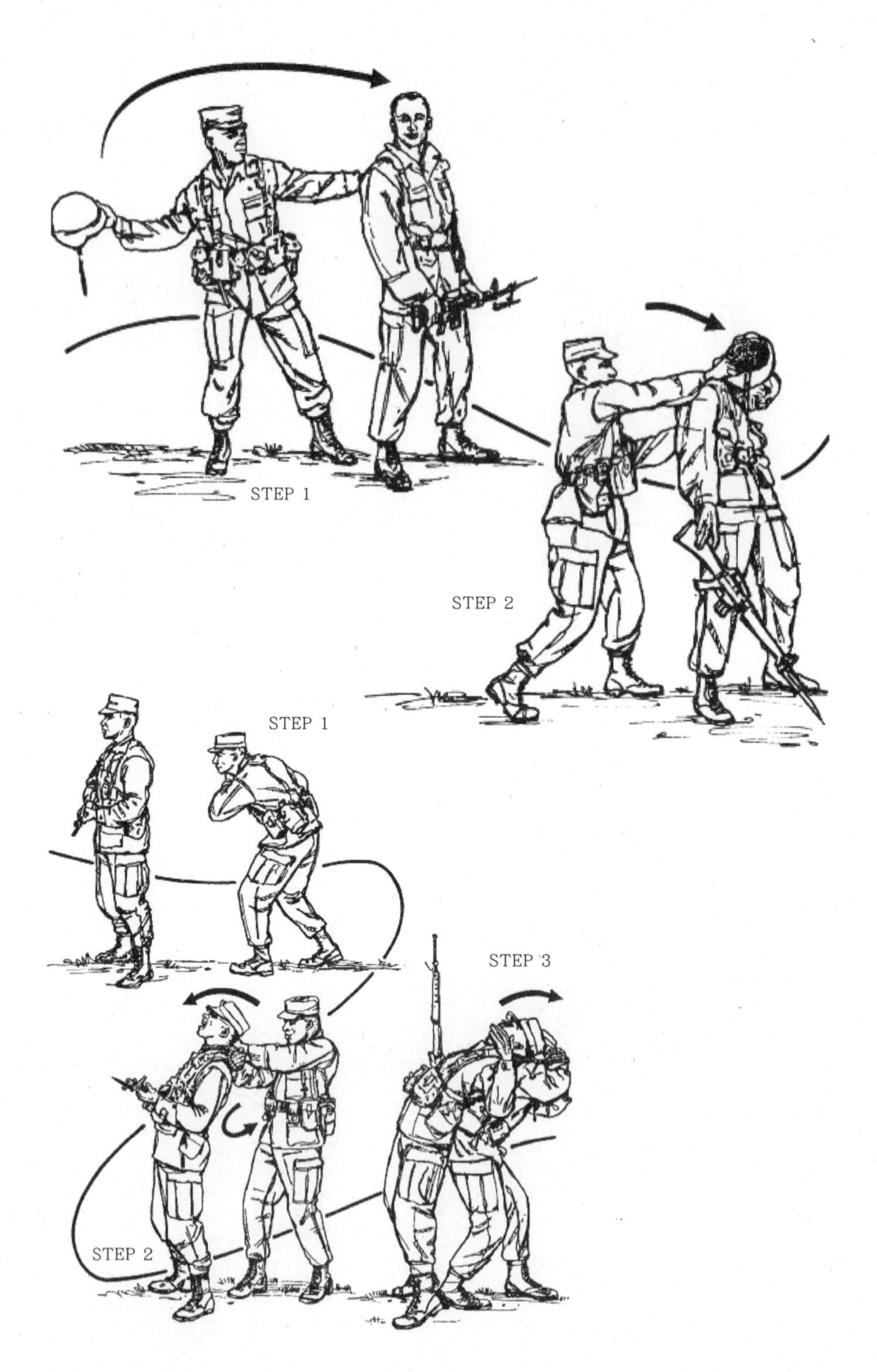
STEP 1
STEP 2
STEP 1
STEP 3
STEP 2